U0585599

One Two Three... Infinity

从一到无穷大

科学中的事实与猜想

〔美〕乔治·伽莫夫/著　　李永学/译

湖南科学技术出版社　　博集天卷 CS-BOOKY

给我的儿子伊戈尔（Igor）
他想成为一个牛仔

"是时候啦，"海象说，"咱们来聊聊……"

——刘易斯·卡罗尔，《爱丽丝镜中奇遇记》（*Through the Looking-Glass, and what Alice Found There*）

前言

　　原子、恒星和星云如何构成？熵和基因是何种物质？空间是不是可以弯曲？火箭为什么会收缩？在这本书中，我们将要讨论所有这些课题，还有许多同样有趣的课题。

　　写这本书最早的目的，是想要搜集现代科学中一些最有趣的事实和理论，以便让读者看到呈现在今天科学家眼前的一个总体图像，从而能够对从微观到宏观的宇宙表现形式有所了解。在实施这个宽泛的计划时，我并没有试图讲述整个故事，因为我知道，无论谁想这样做，最终都不可避免地会写下一个多卷本的百科全书。于是我选择了这样一些讨论的主题，它们涵盖基本科学知识的整个领域，不会留下未被触及的角落。

这些主题的选择是基于它们的重要性和有趣程度，而不是它们是否简单易懂，所以在陈述时必然会出现难易不一的情况。本书的某些章节很简单，孩子也足以理解；其他一些章节，读者要集中精力研读才能完全领会。但我希望，即使是非科学领域的读者，在阅读本书的时候也不会遇到很大困难。

读者将会注意到，与讨论"微观世界"的部分相比，本书讨论"宏观宇宙"的最后一部分的篇幅明显较短。这主要是因为，在拙著《太阳的诞生与死亡》（*The Birth and Death of the Sun*）和《地球传记》（*Biography of the Earth*）中，我已经对宏观宇宙的许多问题进行过详细的讨论，再在这里做详尽的讨论将是冗长乏味的重复。所以，在这一部分中，我仅限于一般性地陈述行星、恒星和星云世界，并历数、总结它们的行为定律，另外，比较详细地讨论了最近几年科学界的新进展，因为它们对这方面的情况有新的启示。按照这一原则，我特别关注了最近的两个新观点：一个是人称"超新星"的恒星大爆发是由物理学已知的最小粒子"中微子"造成的；另一个是新的行星理论，它摈弃了当前人们普遍接受的观点，而认为行星源于太阳与其他恒星的碰撞，重新确立了几乎已被人们遗忘的康德（Kant）和拉普拉斯（Laplace）原有的理论。

我想在此表达对许多艺术家与插图画家的感激，他们的拓扑变形作品是装饰本书许多插图的基础。我衷心感谢小朋友玛丽娜·冯·诺伊曼（Marina von Neumann），她声称，与她著名的父亲相比，她对一切问题的理解都更为深刻，当然，唯一的例外是数学，这方面他们父女二人不相上下[1]。在阅读了本书部分章节的手稿之后，她告诉了我许

1　这里的父亲指的是约翰·冯·诺伊曼（John von Neumann，1903—1957），匈牙利裔美国数学家，有"计算机之父"和"博弈论之父"之称。玛丽娜生于1935年，阅读手稿时应在10岁左右。她后来成为经济学家、作家。——译者注

多书中她无法理解的东西，这让我最终改变初衷，不把这本书写成少儿
读物。

伽莫夫

1946年12月1日

1961年版　　前言

　　一般来说，关于科学的书籍，在出版几年之后就会过时，那些关于当前迅速发展的科学分支的书籍尤其如此。在这种意义上，出版于13年前的这本《从一到无穷大》的运气相当好。它是在一些科学研究取得重大进展之后不久写成的，并且把这些进展全部囊括其中，因此，为了让它跟上时代的步伐，只要做几项改动和必要的增补便可。

　　其中一项重大进展就是氢弹的爆炸。人们以这种形式实现了热核反应，成功地释放了原子能，并且正朝着通过受控释放热核反应能量迈出缓慢但稳定的步伐。由于热核反应的原理及其在天体物理方面的应用已经在本书第一版的第11章中有所叙述，因此我在第7章的最后加上了一部分新材料，这便说明了人类在实现这个目标方面的进展。

其他的改动还涉及对宇宙年龄的估计，我将这一估计从20亿年或30亿年增加到了50亿年或者更多[1]，我根据在加利福尼亚的帕洛马山上新的200英寸海尔望远镜的探索结果，修改了对天文学距离范围的估计。

人类在生物化学方面取得了最新进展，这让我必须重新绘制图101，并改写了有关文字，还在第9章的末尾添加了有关简单生命体合成产品的新内容。我曾在第一版的第266页写道："是的，无生命物质确实可以向生命体过渡，而且很有可能，在不远的将来，某位天才生物化学家能够用普通的化学元素合成病毒分子，那时他将证明这一过渡步骤，并大声宣告：'就在刚才，我将一缕生命气息传送到了一团无生命的物质之中！'"好吧，在加利福尼亚，实际上有人几年前已经或者几乎已经完成了这项工作。读者将在第9章结尾的地方读到一段简短的叙述。

还有一处改动，在第一版的题记中写的是："给我的儿子伊戈尔，他想成为一个牛仔。"我的许多读者写信给我，问他是否真的成了一个牛仔。回答是否定的，他现在在大学主修生物学，将在今年夏天毕业，并计划从事遗传学方面的工作[2]。

伽莫夫

科罗拉多大学

1960年11月

1　当前天文学的最新进展认为，所谓"宇宙大爆炸"，或者宇宙的诞生发生于137亿年或138亿年前。——译者注
2　伊戈尔，前科罗拉多大学微生物学教授兼发明家。——译者注

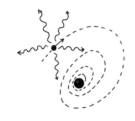

目　录

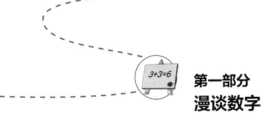

第一部分
漫谈数字

1　大数字 ____ 002

2　自然数与人工数 ____ 025

第二部分
空间、时间和爱因斯坦

3 不寻常的空间性质 ___042

4 四维世界 ___065

5 空间与时间的相对性 ___084

第三部分
微观世界

6 下行阶梯 ____ 114

7 现代炼金术 ____ 147

8 无序定律 ____ 187

9 生命之谜 ____ 225

第四部分
宏观宇宙

10 延伸的地平线____262

11 创世的岁月____290

第一部分

漫谈数字

大数字

1.你最多能数到几?

这是一个关于两位匈牙利贵族的故事。他们决定玩一个游戏,能够说出最大的数字的那个人获胜。

"行啊,"其中一个人说,"你先说出你的数字吧。"

经过几分钟艰难的思索之后,第二位贵族说出了他能够想到的最大的数字。

"3。"他说。

现在轮到第一个人思考了,但他在15分钟之后选择了放弃。

"你赢了。"他说。

这两位匈牙利贵族当然不是高智商的代表[1]，而且这个故事很可能是在挖苦讽刺人，但这样的谈话或许真的曾经在两个人之间发生过，只是他们不是匈牙利人，而是霍屯督人（Hottentots）。确实有一些很有权威的非洲探险家向我们证实，许多的霍屯督人部落的词汇中没有大于3的数。譬如你问一个当地人他有几个儿子，或者他杀死了多少敌人，如果不止3个，他就会告诉你"许多"。所以，如果一个幼儿园小娃娃能够数到10，他就能在数数这项技艺比赛中一举击败那些霍屯督人部落里强壮的成人！

今天，我们想写多大的数字都能办到，而且对此已经非常习惯了。无论这些数字代表的是以美分为单位的经费，还是以英寸为单位的星际距离，你只需要在某个数字的右边加上足够多的零就可以了。你可以一直写零，写到你的手发软，结果在不知不觉中，你已经写下了一个数字，甚至大于整个宇宙中所有的原子的数目[2]，而我们不妨顺便说一句，宇宙中所有原子的数目是300,000,000,000,000,000,000,000,000,000,000,000,000,000,000,000,000,000,000,000,000,000,000,000,000,000,000,000,000,000。

或者，你可以把它写成较为简单的形式：3×10^{74}。10的右边，比其他数字高出一点的小数字74代表着你必须写多少个零。换言之，就是必须用74个10和3连乘。

但在古时候，这个能让"算术变得容易"的数字系统还不为人知。

1　这种说法在同一个故事集中的另一个故事中得到了佐证：一群在阿尔卑斯山脉中远足的匈牙利贵族迷路了。据说，其中一位贵族拿出了一张地图，在长时间研究之后大声宣告："现在我知道我们在哪里了！""在哪里？"其他的贵族问。"看见那边那座大山没有？我们就在它的山顶上。"

2　在我们现在最大的望远镜可以看到的范围之内的测量。

事实上，这个系统是在不到两千年前由某个没有留下名字的印度数学家发明的。在他做出这个伟大的发现——这确实是一个伟大的发现，尽管我们通常没有认识到这一点——之前，数字是人们用一些特殊的符号写成的，每一个这样的符号代表我们今天说的一个十进制单位。这样的符号重复多少次，就说明有多少个这样的单位。例如，古埃及人是这样书写数字8732的：

𓏴𓏴𓏴𓏴𓏴𓏴𓏴𓏴 𓍢𓍢𓍢𓍢𓍢𓍢𓍢 𓎟𓎟𓎟

而在恺撒（Caesar）的政府里，他的一位部下会用如下形式代表这个数字：

MMMMMMMMDCCXXXII

后面这种计数法你肯定熟悉，因为罗马数字有时候还在使用，比如标注一本书的卷数和章节，或者是在华丽的纪念碑上标明某个历史事件的年代。然而，因为古人在计数方面的需要不超过几千，所以也就不存在更高的十进位制的单位。所以，无论一位古罗马人在算术方面经历过何等优良的训练，当他需要写下"一百万"这样一个数字的时候也会变得手足无措。面对这种要求，他能采取的最好的方法，就是苦干几个小时，连续写下1000个M（图1）。

对古人来说，非常大的数字，如天上的星星有多少个，海里的鱼有多少条，或者海滩上有多少颗沙粒，这些都是"没法数"的，这就跟霍屯督人一样，他们认为"5"是没法数的，因此用"很多"一言以蔽之！

所以，就连公元前3世纪的天才科学家阿基米德（Archimedes）[1]也需要运转他伟大的大脑，认真地得出"写出很大的数目还是可能的"这

1　阿基米德（前287—前212），古希腊科学家。——译者注

图1　一位看上去像恺撒的古罗马人正在试图用罗马数字书写"一百万"。墙上的写字板上所有的空地大概只够他写到"十万"

样一个结论。阿基米德在他的科学论文《数沙器》（*Sand Reckoner*）中写道：

　　有人认为，沙粒的数字是无穷大的；这里说的沙粒，我指的不只是在锡拉丘兹（Syracuse）和西西里上的沙粒，而是我们能够在整个世界所有地区找到的沙粒，不管那里是否有人居住。同样，还有一些人，他们并不认为这个数字是无穷大的，并且认为我们无法说出一个足够大的数字，大到能够超过世界上所有沙粒的总和。很显然，这些人认为，他们可以想象一个全部由沙粒组成的庞大体积，它在各方面都足够大，大得像整个世界一样，包括其中所有的海洋和洼地，并且把它全部填充起来，变得像最巍峨的山峰那么高。他们觉得，想象一个能够表达堆在一起的这些沙粒数目的数字是不可能的。但我要在这里证明，我发明了一种命名数字的方法，它不但能够给出用上述方法堆积而成的世界沙粒的数目，甚至可以等于在整个宇宙那么大的体积里全部堆积的沙粒数目。

在这篇著名的论文中，阿基米德提出了一个能够书写非常大的数字的方法，与现代科学中书写大数字的方式类似。他从古希腊算术中最大的数字"myriad"，即一万开始。接着他引入了一个新数字，"一万的一万倍"，就是一亿，把它叫作"octade"，就是"第二级计数单位"。然后是"第三级计数单位"，也就是一亿的一亿倍，即一亿亿。下面还有"第四级计数单位"，即一亿的一亿倍的一亿倍，以此类推。

看上去，书写大数字似乎不过是寻常小事，不值得在一本书中用几页纸的篇幅加以描述，但在阿基米德的时代，找到一种书写大数的方法确实是一个伟大的发现，是数学科学向前发展的重要步骤。

为了计算能够填充整个宇宙的沙粒的数字，阿基米德必须知道宇宙有多大。那个时代的人们相信：宇宙是包在一个水晶球里面的，固定的星辰就镶嵌在球面上。据阿基米德的同代人、萨摩斯著名的天文学家的阿里斯塔克（Aristarchus）[1]估计，从地球到天球的边缘的距离是10,000,000,000个视距[2]，即大约1,000,000,000英里。

在比较了这个球体的体积与一粒沙的大小之后，阿基米德进行了一系列能让中学男生晚上做噩梦的计算，最后得到的结论是：

很显然，在阿里斯塔克估计的天球那么大的空间内，可能包含的所

---

1 阿里斯塔克（约前310—约前230），古希腊天文学家。——译者注
2 希腊的一个"视距"是606英尺6英寸，即188米。

有沙粒的数字不会超过一千万个第八级计算单位。[1]

我们或许应该在这里指出，阿基米德对宇宙半径的估计远远低于现代科学家们计算出的结果。10亿英里只不过略略大于我们的太阳系中土星这个行星的位置。我们现在已经用望远镜探测到的距离是5,000,000,000,000,000,000,000英里，而填满这样一个可视宇宙的沙粒的数目将会超过10^{100}，即1后面拖着100个零。

这当然远远大于我们在本章开始时陈述的宇宙中所有原子的数目：3×10^{74}，但我们千万不要忘记，宇宙中并不是完全填充着原子；事实上，在整个空间内，平均每立方米只有大约一个原子。

但是，要得到大数字，我们完全没有必要采取将整个宇宙堆满沙粒这类极端的行为。其实这类数字往往会从一些乍一看很简单的问题中跳出来，尽管你觉得其中牵涉的任何数字都不会超过几千。

惨遭这种令人崩溃的数字荼毒的一个例子是印度的舍罕王（King Shirham）。有一个古老的传说，他曾想要赏赐宰相西萨·本·达希尔（Sissa Ben Dahir），因为后者发明并向他奉献了象棋这种游戏[2]。这位聪明的宰相要求的奖赏似乎微不足道。他跪在国王面前说："陛下，请在棋盘的第一个方格内给我一粒小麦，第二个方格内给我两粒小麦，第三个方格上给我四粒小麦。第四个方格上给我八粒小麦。就这样，请国

---

1 按照我们的计数法，这个数字将是：

一千万　　　　2级单位　　　　3级单位　　　　4级单位　　　　5级单位
（10,000,000）x（10,000,000）x（10,000,000）x（10,000,000）x（10,000,000）x

6级单位　　　　7级单位　　　　8级单位
（10,000,000）x（10,000,000）x（10,000,000）

或者简写为：10^{63}，即1后面拖上63个零。

2 指国际象棋。——译者注

王陛下每次都把方格上的小麦数加倍，覆盖棋盘上所有64个方格，这就是我要求的赏赐。"

图2　宰相达希尔是一位很有造诣的数学家，他要求得到印度舍罕王的赏赐

"你的要求很谦卑哦，我忠诚的仆人。"国王说道。他心中窃喜，因为他觉得，这样一种神奇游戏的发明者居然会提出如此小的要求，这样的赏赐与他的珍宝相比不过是九牛一毛。"你的要求我当然恩准了。"然后他叫人将一口袋小麦带到他的宝座前。

于是计数就开始了，第一个方格一粒小麦，第二个方格两粒小麦，第三个方格四粒小麦……结果不到二十个方格，口袋就空了。国王继续叫人拿来小麦袋子，但每一个方格上需要的小麦越来越多。结果情况很快就清楚了：即使把全印度的粮食全部拿出来，国王也无法凑足他答应给达希尔的奖赏。这一份奖赏是18,446,744,073,709,551,615粒小麦！[1]

这个数字要比宇宙中的原子总数小，但也相当大了。假定一蒲式耳[2]小麦有大约5,000,000粒，国王就需要四万亿蒲式耳才能满足达希尔的要求，而全世界每年的小麦平均产量大约为2,000,000,000蒲式耳。所以，这位宰相的要求是大约两千年的世界总产量！

就这样，舍罕王发现他欠了自己的宰相一大笔债，要么他需要面对后者持续不断的讨债要求，要么一刀砍掉宰相的脑袋一了百了。我觉得他很可能会选择第二种方法。

还有一个由大数扮演主要角色的故事，也来自印度，与所谓"世界末日"的问题有关。对数学情有独钟的历史学家鲍尔（W. W. R. Ball）是这样讲述这个故事的：

在标志着世界中心的贝拿勒斯（Benares）大寺庙的天穹之下有一个黄铜盘子，上面插着三根金刚石针，每根针有一腕尺高（一腕尺约为20英寸）[3]，大概有一只蜜蜂的身体那么粗。创世之初，神灵在其中一根针上插了64块纯金圆盘，最大的那块放在黄铜盘子上，以后的圆盘越来越小，一直到最顶上的那块。这就是梵天（Brahma）[4]之塔，值

1　我们可以用下面的算式得出聪明的宰相要求的小麦颗粒数：
$$1+2+2^2+2^3+2^4+\cdots+2^{62}+2^{63}$$
　　在数学中，人们称一系列按照同样的因数（这个粒子中的因数是2）递增的数字为几何级数。可以证明，这样一个级数中的各项和可以用如下方法计算：将常数因数（本例中为2）按照级数中的项数（本例中为64）乘方，减去第一项（本例中为1）然后除以上述常数因数减1得到的差。这一过程可以写成：
$$(2^{63}\times2-1)/(2-1)=2^{64}-1。$$
　　计算所得的数字就是18,446,744,073,709,551,615。
2　1蒲式耳≈35.24升。——译者注
3　1英寸为2.54厘米。——译者注
4　梵天，印度的创世神。——译者注

班的祭师每天日夜不停地把这些圆盘从一根金刚石针上转移到另一根上。按照法则要求，祭师一次只能移动一个圆盘，而且绝对不可以把小的圆盘放到较大的圆盘下面。当用这种方法，祭师们把所有的圆盘都从神灵创世时放着的那根针移到另一根针上的时候，梵天之塔、寺庙和婆罗门祭师们全都会变为尘埃，随着一声雷霆震响，整个世界灰飞烟灭。

图3画出了故事中描述的情况，只是画出的圆盘不到64块。你可以用普通的硬纸板代替黄金、长铁钉代替金刚石针，做一个印度传说中的这个谜语玩具。不难发现，根据移动圆盘必须遵守的规则，你移走一块圆盘需要的步骤是上一块所需要的两倍。也就是说，移走第一块圆盘只要一步，但移走随后的每一块圆盘的步骤数目按几何级数递增。所以，当第64块圆盘被移走时，所有步骤的数目总和与达希尔所要求的小麦粒数相等![1]

需要多长时间才能把梵天之塔上所有的64块圆盘从一根针上转移到另一根上呢？不妨假定婆罗门祭师们昼夜不停地干活，没有节假日，每秒移动一次。因为一年有大约31,558,000秒，所以他们需要58万亿年多一点的时间完成这项任务。

1　如果我们只有7块圆盘，则需要的步骤数就是
$$1+2^1+2^2+2^3+\cdots+2^6，即2^7-1=2\times2\times2\times2\times2\times2\times2-1=127。$$
如果你的动作很快，也不出错，你将需要大约一小时来完成这一任务。如果有64块圆盘，则需要的步骤总数为$2^{64}-1=18\ 446\ 744\ 073\ 709\ 551\ 615$，与达希尔要求获得的小麦粒数相等。

图3　一位祭师在庞大的梵天神像下面为破解"世界末日"问题工作。在这里显示的圆盘的数目不到64块，因为要全部画出来实在太困难了

让我们比较一下纯粹的传说和现代科学中有关宇宙年龄的预言，结果是很有趣的。根据有关宇宙演化的当前理论，恒星、太阳和包括地球在内的行星是在大约30亿年前由不定形物质凝聚形成的。我们也知道，为恒星，特别是为我们的太阳提供能量的"原子燃料"还可以继续维持100亿到150亿年（见第11章，"创世的岁月"）。所以，宇宙的整个生命周期肯定不到200亿年，更别说印度传说中估计的58万亿年了！但不管怎么说，传说毕竟只是传说。

很可能，人类在文献上提到的最大数字，就是那个著名的"印刷行数问题"中的数字了。假定我们制造了一台印刷机，它能持续不断地、一行接一行地印刷，并自动地为每一行选择字母表中不同字母的组合和另外的印刷符号。这样的机器将由一系列分开的圆盘组成，它们全都在边缘上带有字母和符号。这些圆盘相互啮合的方式与你汽车的里程显示器上的数字圆盘相同，所以每个圆盘转动一整圈会让下一个圆盘向前移动一个位置。纸是整卷的，它随着印刷机的每一次运动自动进入滚筒。制造这样一台自动化印刷机并不很困难，它的样子如图4所示。

我们让这台印刷机开始工作，并检查一下这台印刷机印出来的无穷尽的各种资料。大部分字行没有什么意义，它们看上去就像这个样子：

"aaaaaaaaaa…"

或者是

"boobooboobooboo…"

或者是

"zawkporpkossscilm…"

但因为这台印刷机印刷的是一切可能的字母和符号的组合，我们可以在这些毫无意义的垃圾印刷品里看到有意义的各种句子，当然其中有许多没有用的句子，如：

"horse has six legs and…"（马有六条腿和……）

或者

"I like apples cooked in terpentin…"（我喜欢吃在松节油里煎过的苹果……）

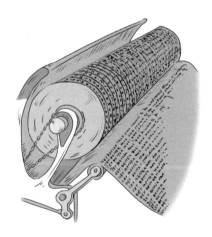

图4　一台自动印刷机正在正确地印刷一行莎士比亚的诗

但经过一番搜索之后，也可以发现莎士比亚写的每一行句子，甚至是一些他本人扔到纸篓里的纸上写的句子！

事实上，这样一台印刷机将印刷人类学会写字以来写下的所有句子：每一行散文和诗歌，报纸上的每一篇社论和广告，科学专著中连篇累牍的每一卷，每一封情书，给送牛奶的人的每一张订单……

而且，这台机器也将印刷人们在今后许多个世纪中会印刷的东西。在那些从滚筒出来的纸张上，我们将会发现30世纪的诗歌，未来的科学发现，即将在第五百届美国国会上发表的演讲，2344年行星交通事故的流水账。将会有一页又一页人们从未动笔书写的短篇和长篇小说，而那些在地下室中放有这种印刷机的出版商，他们只需要在堆成山的废纸堆里扒拉出那些好的作品编辑出版就行了，而这正是他们今天正在做的事情。

为什么做不到这一点？

好吧，就让我们数一数，为了得到所有可能的字母和印刷符号的组合，这台机器应该印刷多少行吧。

英文字母表中有26个字母，10个数字（0，1，2，3，4，5，6，7，8，9）和14个普通符号（空白、句号、逗号、冒号、分号、问号、惊叹号、破折号、连字符、引号、省略号、小括号、中括号、大括号），这些总共是50个符号。同时也让我们假定，对应平均每个印刷行的65个位置，这台机器有65个机轮。印刷的每一行可以选50个符号中的任何一个开始，所以我们在这里有50种不同的可能性。对应这50种不同的可能性中的每一个，这一行的第二个位置又有50种不同的可能性，加起来就有50×50=2500种不同的可能性。但对于头两个符号的每一个给定的组合，我们都可以对第三个位置做出50种不同的选择，以此类推。总的算起来，整个一行中可能有的安排的数目可以表达为：

$50 \times 50 \times 50 \times \cdots \times 50$，总共65个50相乘的乘积。也就是 $50^{65} \approx 10^{110}$。

如果你想要感觉一下这样一个数字有多大，你可以让宇宙中的每一个原子代表一台这样的印刷机，于是我们就有了 3×10^{74} 台同时工作的超级印刷机。然后你可以进一步假定，所有这些印刷机都从宇宙诞生之日开始连续工作，也就是说，它们工作了30亿年，或者说 10^{17} 秒，而且以原子振动的频率印刷，即每秒印刷 10^{15} 行。结果，时至今日，它们总共印刷的行数大约是

$$3 \times 10^{74} \times 10^{17} \times 10^{15} = 3 \times 10^{106},$$

但这只不过达到了要求数字的1/3000。

没错，要从这些自动印刷的材料中做出任何一种选择，你都确实需要勤勤恳恳地工作很长的时间！

2.怎样数无穷大

我们在前一节中讨论了数字，其中有许多相当大。尽管一些庞然大物大得让人无法相信，就像达希尔向国王讨要的小麦颗粒的数，但这些数仍然是有限的，而且，只要有足够的时间，人们可以把它们的每一位数全写下来。

但确实有一些真正无穷大的数，无论我们花多长时间去写，可能写下的任何数都小于这类大数。比如，"所有整数的数目"显然是无穷大的，而"一条线上所有几何点的数目"也同样如此。那么，除了说这些数是无穷大的之外，我们是否能够就它们的性质说点什么呢？比如说，我们是不是能够比较两个不同的无穷大，看看它们中哪一个

"更大"？

如果我们问："所有数的数目和一条直线上所有点的数目，它们两个哪个更大？"这种问题有没有意义？这类问题乍一看十分古怪，但由一位著名数学家最先认真地加以考虑，他就是康托尔（Georg Cantor）[1]，他是"无穷大算术"货真价实的创造者。

如果我们想要谈论哪些无穷大比较大，哪些无穷大比较小，我们就会面临一个问题，与霍屯督人在检查自己的珍宝箱时遇到的问题类似，这位非洲当地人想知道，他的玻璃珠子多还是铜币多。也就是说，我们都需要比较一些我们既无法命名又无法写下来的数字。但是，想必我们都记得，霍屯督人无法数出超过3的数字。那么，他是不是会知难而退，因为他没法数就不去比较珠子和硬币呢？事实并非如此。如果他足够聪明，他就可以通过一个一个地对比珠子和硬币得到答案。他可以把一个珠子放在一枚硬币旁边，另一个珠子放在另一枚硬币旁边，就这样一一对应，不断地摆在一起……如果他的珠子全摆完了，而硬币还有剩余，他就知道他的硬币比珠子多；如果硬币先没有了但还有珠子，他就知道他的珠子比硬币多。而如果两种东西同时摆完，他就知道二者一样多。

为了比较两个无穷大，康托尔建议使用完全相同的方法：如果我们可以将两个无穷大集合中的物体配对，让一个无穷大集合中的每一个物体与另一个无穷大集合中的每一个物体结成"对子"，最后每个集合中都没有物体剩余，则这两个无穷大相等。反之，如果做不到这样的安排，而是在其中一个集合中剩下了一些未曾配对的物体，我们则说，这个集合中的物体的无穷大较大，或者我们可以说，这个无穷大比另外那个集合中的物体的无穷大更强。

1　康托尔（1845—1918），德国数学家。——译者注

这样做显然是最合理的规则，事实上也是唯一可行的规则，可以让我们用来比较无穷大量，但我们必须做好准备，在我们开始应用这个规则时，我们会大吃一惊。让我们以一切偶数的无穷大和一切奇数的无穷大为例。当然，直觉告诉你，偶数的数目应该和奇数一样多，因为在这些数之间可以有一一对应的关系：

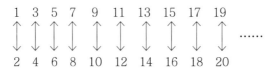

在这个表中，一个偶数对应一个奇数，反之亦然；因此，一切偶数的无穷大等于一切奇数的无穷大。这似乎确实既简单又自然！

但是，且慢。在下面的无穷大中哪个大些：包括偶数和奇数的所有整数数目的无穷大，还是只包括偶数数目的无穷大？你当然会说，所有整数数目的无穷大更大，因为在其中包括所有偶数加上所有奇数。但这只不过是你的想象，而为了得到准确的答案，我们必须使用上述无穷大比较法则。而如果你用了这个法则，你会很吃惊地发现，你的直觉是错误的。事实上，在下面的表格中，我们把所有整数列在上边，所有偶数列在下边，它们之间存在着一一对应关系：

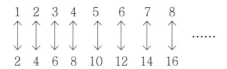

根据我们比较无穷大的法则，我们必须承认，偶数的无穷大正好等于所有整数的无穷大。听起来这当然有些自相矛盾，因为偶数只是所有整数的一部分，但我们必须记住，我们现在的操作对象是无穷大数字，我们必须做好会遇到不同性质的准备。

实际上，在无穷大的世界中，部分可以等于全体！对这一点最好的说明，很可能是关于著名德国数学家希尔伯特[1]（David Hilbert）的一个故事。据说，在他有关无穷大数字的讲课中，他用以下的话语讲述了无穷大数字的这个貌似矛盾的性质[2]：

让我们想象一家有有限多个房间的旅馆，并假定所有的房间都住满了。结果来了一位新客人，想要一个房间。"对不起，"旅店老板说，"所有的房间都住满了。"现在让我们想象一个有无限多个房间的旅馆，而且所有的房间都住满了。后来也有一位新客人来到了这家旅馆，想要一个房间。

"当然没问题！"旅馆老板说道。他把原来住在房间N1的客人送进了房间N2，房间N2的客人送进了房间N3，房间N3的客人送进了房间N4，以此类推……由于这种变动，房间N1空出来了，新客人住了进去。

现在让我们想象一个有无限多个房间的旅馆，所有的房间都住满了，接着来了数目无限的新客人，要求住店。

"没问题，绅士们，"旅馆老板说，"请稍候。"

他把房间N1的客人送到了房间N2，房间N2的客人送进了房间N4，房间N3的客人送进了房间N6，以此类推。

现在所有奇数号房间都空出来了，无穷多个客人可以轻松愉快地住进去了。

好吧，希尔伯特描述的这种情况很不容易想象，在战争期间的华盛顿就更难了，但这个例子当然直指问题的核心，即在跟无穷大打交道的时候，我们会碰到一些与我们习惯的普通数学问题不同的性质。

1　希尔伯特（1862—1943），德国数学家。
2　来自从未发表，甚至从未有人写下来，却流传甚广的资料：《希尔伯特故事全集》。

遵照康托尔有关比较两个无穷大的规则，我们现在也可以证明，所有像 $\frac{3}{7}$ 和 $\frac{735}{8}$ 这类普通算术分数的数目与全体整数的数目相等。实际上，我们可以按照下面的规则安排所有普通分数：首先写下分子与分母之和为2的分数，这样的分数只有一个，就是 $\frac{1}{1}$；然后是和为3的分数：$\frac{2}{1}$ 和 $\frac{1}{2}$；下面是和为4的分数：$\frac{3}{1}$，$\frac{2}{2}$，$\frac{1}{3}$。以此类推，我们可以得到数目无限多的分数，包括我们可以想到的每一个分数（图5）。现在在这一序列的上面写下整数序列，我们可以在分数的无穷大和整数的无穷大之间得到一一对应关系。因此这两个无穷大的数目相等！

图5　非洲当地人与康托尔教授都在比较超出他们计数能力的数字

"好吧，这一切都天衣无缝，"你可能会说，"但这是不是就意味着所有的无穷大全都相等？如果确实如此，还有什么必要比较它们呢？"

不，情况并非如此，而且我们可以轻而易举地找到一些无穷大，它们大于全体整数或者全体分数数目的无穷大。

事实上，如果我们检查本章早些时候提出的一个问题，即比较一条线上所有点的数目和整数的数目的那个问题，我们就可以发现，这两个无穷大是不同的：一条线上的点的数目远远大于全体整数或者分数的数目。为了证明这个论点，让我们尝试以一条长度为1英寸的线段两端之间的点的数目为例，比较它与整个整数序列中的数的数目大小。

这个线段上的每个点的特征由它与线段的一个端点之间的距离表达，而这个距离可以写成一个无限小数的形式，如0.7350624780056…或者0.38250375632…[1]。于是我们就必须比较全体整数的数目和所有可能的无限小数的数目。上面给出的这些无限小数和普通算术分数如$\frac{3}{7}$或者$\frac{8}{277}$之间的差别何在呢？

你一定还记得你在算术课中学到的一项内容，即每一个普通分数都可以转化成一个无限循环小数。也就是$\frac{2}{3}=0.66666\cdots=0.\dot{6}$，$\frac{3}{7}=0.428571|428571|428571|4\cdots=0.\dot{4}2857\dot{1}$。如上所证，全体普通算术分数的数目与全体整数的数目相等，所以，全体循环小数的数目必定也与全体整数的数目相等。但线段上的点并不一定是由循环小数代表的，而且在大多数情况下，我们可以得到一种无限小数，其中出现的各位数字没有任何周期性的重复。而且我们可以很容易地证明，在这种情况下无法做出任何对应安排。

假定有人声称他找到了这样一种对应安排，表达如下：

N

1 0.38602563078…

2 0.57350762050…

---

1 所有这些分数都小于1，因为我们假定线段长为1。

3　0.99356753207⋯

4　0.25763200456⋯

5　0.00005320562⋯

6　0.99035638567⋯

7　0.55522730567⋯

8　0.05277365642⋯

·　············

·　············

·　············

·　············

·　············

　　当然，因为实际上不可能写出无穷多个数字，让它们中每一个都有无穷多位小数，所以上面那人的断言必然意味着，这个表格的作者掌握了某种普遍规则（类似于我们用来安排普通分数的那种规则），根据这种规则，他构建了这份表格，而这种规则保证，任何一个小数迟早都会出现在这个表格中。

　　好的，我们现在可以毫不费力地证明，任何这类断言都是站不住脚的，因为我们总是可以写出一个不会出现在这个无限大表格之内的无限小数。我们怎样才能做到这一点呢？非常简单。只要写下一个小数，让它的第一位数与表中N1的不同，第二位与表中N2的不同，等等，就可以了。你写下的这个数看上去就像下面的这个数：

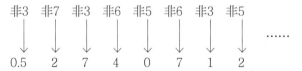

　　无论你沿着表格向下找多远，这个数字都不会出现在表格中。事实

上，如果表格的作者告诉你，这个数字是这份表格里的第137个（或者任何其他数字）数字，你都可以立即回答："不，它们不是同一个数字，因为你的这个小数的第137位与我心中的这个小数的第137位不同。"

因此，我们无法在一条线段上的点与整数之间建立一一对应关系，这就意味着，与全体整数或者全体分数相比，一条线段上的点的无穷大更大或者说更强。

我们刚刚讨论的是一条"1英寸长"的线段上的点的情况，但我们现在可以很容易地证明，根据我们的"无穷大算术"中的规则，对于任何长度的线段，这一讨论同样有效。事实上，无论线段的长度是一英寸、一英尺或者一英里，在它上面的点的数目都是一样多的。为了证明这一点，只要看图6即可，其中讨论了两条长度不同的线段AB和AC上的点的数目。为了在这两条线段上建立点与点之间的一一对应关系，我们可以过AB上每一点，画一条平行于BC的直线，这条直线与AB与AC相交的一对点就是一一对应的点，例如D与D'，E与E'，F与F'等。在AB上的每一个点都对应于在AC上的一个点，反之亦然。于是，根据我们的有关规则，可知这两个无穷大相等。

我们将在下面讲述另一个说法，其中包含的无穷大分析更加令人吃惊：在一个平面中的所有点的数目，等于在一条线段上所有点的数目。为了证明这一点，让我们考虑一条一英尺长的线段AB上的点，以及在一个正方形$CDEF$之内的点（图7）。

假定线段上某个点的位置可以通过某个数字给出，不妨称其为0.75120386…。我们可以根据这个数字确定两个不同的数字，分别由这个数字的偶数位和奇数位组成，于是我们得到了

$$0.7108\cdots 和 0.5236\cdots$$

分别在我们的正方形的水平方向和垂直方向量出这两段距离，由此确定的点的坐标为（0.7108…，0.5236…），我们把这个点叫作我们线段上

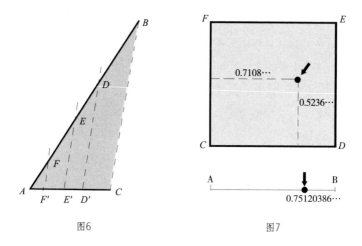

图6   图7

原始点的"偶点"。反之，如果我们在正方形中有一个点，它的位置可以由两个数字描述，比如0.4835…和0.9907…，我们就可以按照同样的方法，把这两个数字组合成一个数字为0.49893057…，确定在线段上的对应"偶点"。

很显然，这样一个过程在两套点之间建立了一一对应关系。在线段上的每个点将在正方形内有自己的偶点，在正方形中的每个点将在线段上有自己的偶点，没有任何一个点漏掉。于是，按照康托尔的理论，在正方形内的所有的点的无穷大与在一条线段上点的无穷大相等。

同样，我们也可以证明，在一个立方体内所有点的无穷大与正方形或者线段上的所有点的无穷大相等。要做到这一点，我们只要把原来的小数分成三个部分[1]，并用由此得到的三个新的小数来定义它在立方体中的"偶点"。而且，与两条不同长度的线段的情况相同，在一个正方形

1　以小数0.735106822548312…为例，我们可以将它分为0.71853…，0.30241…和0.56282…三个小数。

或者一个立方体内的点的数目将是一样的，无论它们有多大。

但是，尽管在几何形体内的全体几何点的数目多于全体整数和分数的数目，但它并不是数学家知道的最大数字。事实上，人们发现，所有可能的曲线类型，包括那些人们最不常见到的形状的曲线，它们的总数大于全体几何点的集合，因此必须把它视为无穷大中的第三个等级。

按照"无穷大算术"创始人康托尔的方法，可以用右下角带有一个小数字的希伯来字母 $\aleph$（阿列夫）表示无穷大数字，这个小数字表示无穷大的等级。于是，数字（包括那些无穷大数字）的序列就是这样排列的：

1, 2, 3, 4, 5, …$\aleph_0$, $\aleph_1$, $\aleph_2$, $\aleph_3$…

而且我们可以说，"在一条线段上有$\aleph_1$个点"，或者"存在着$\aleph_2$条不同的曲线"，就像我们说"世界分为七大洲"，或者"一副牌有54张纸牌"一样。

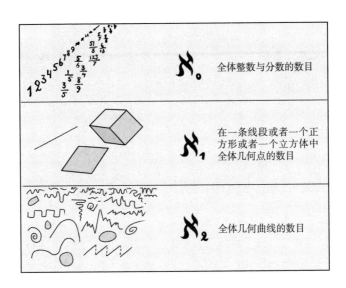

图8 排列在前的三个无穷大数字

  作为对我们关于无穷大数字的讨论总结，我们指出，这些数字不费吹灰之力就可以超过任何我们可以想到的可以应用的数字。我们知道，$\aleph_0$代表全体整数的数目，$\aleph_1$代表全体几何点的数目，而$\aleph_2$代表全体曲线的数目，但迄今为止，还没有任何人有本事，想出任何确定的事物的无穷集合，其中成员的数目需要用$\aleph_3$表示。似乎前三个无穷大数字已经足够使用，可以让我们数出我们想得到的任何事物的集合成员数了。于是，我们现在所处的位置便与霍屯督人完全相反，因为我们的这位老朋友有许多儿子，但他只能数到3。

2 自然数与人工数

1.最纯的数学

人们，特别是数学家，通常将数学视为一切科学的女王，而作为女王，它自然要避免与其他分支出现门不当户不对的联姻。例如，人们曾请希尔伯特在"纯数学与应用数学联合代表大会"上致开幕词，以消除人们在这两派数学家之间感觉到的敌意。他是以如下方式开始他的演讲的：

人们经常说，纯数学与应用数学相互敌对。这并不是真的。纯数学和应用数学之间并无敌意。纯数学与应用数学之间从来没有敌意。纯数学与应用数学之间永远也不会有敌意。纯数学与应用数学之间不可能有敌意，因为它们之间其实没有任何共同之处。

尽管数学家希望数学是纯粹的，希望与任何其他科学保持距离，但科学，特别是物理学，却喜欢数学，尽可能地与它建立"兄弟之情"。事实上，人们几乎正在使用纯数学的每一个分支，解释物质宇宙的这个或者那个特点，其中包括使用抽象群论、非交换代数和非欧几何，虽然这些分支已经被人视为最纯粹、最不可能有应用范围的数学。

然而，数学还有一个很大的分支，直到今天它还像一个超凡的隐士，全然不顾世间任何有目的的应用而遗世独立，只是作为脑力训练的体操让人望而生畏，因此取得了"纯洁之冠"的美誉。这个分支就是所谓的"数论"，其实是"整数的理论"，是纯数学思维最古老而又最错综复杂的产物。

尽管它看上去有些奇怪，但数论是最纯粹的数学类型，我们可以在某种意义上称其为经验科学，甚至是实验科学。事实上，它的大部分命题都是人们试图应用数字做各种不同工作的结果，就像物理学定律是人们试图对物质对象做不同的工作的结果一样。而且，这些命题确实有一些是用数学方法证明的，但还有一些尚未摆脱纯粹经验的出身，因此在向世界上最杰出的数学家提出挑战。

我们可以以质数问题作为一个例子，也就是那些不能被两个或者更多的较小整数的乘积来表示的数字，如1，2，3，5，7，11，13，17等[1]就是质数，而12是非质数，因为可以把它写成2×2×3的形式。

有无限多个质数吗？或者存在着一个最大的质数，比它大的一切整

---

1 按照现在的标准，1不是质数，而且现在的质数概念应该是"大于1而且只能被1和它本身整除的整数"，但作者的表述除了接纳了1之外可以与这一概念兼容。——译者注

数都可以表示为我们已经知道的所有质数的乘积的形式吗？欧几里得（Euclid）第一个尝试回答这个问题，并做出了一个非常简单而又优雅的证明，说明质数的数目超越了任何限制，也就是说并不存在"最大的质数"这种事物。

为了检验这个问题，让我们暂时做一个假定，认为确实只存在着有限数目的质数，而且指定字母N代表我们已知的这个最大的质数。现在让我们计算所有质数的乘积，然后加上1。我们可以用如下形式表达这个运算：

$$1 \times 2 \times 3 \times 5 \times 7 \times 11 \times 13 \times \cdots \times N+1。$$

这个计算得出的数字自然要比人们所说的那个"最大的质数N"大得多。同样明显的是，由于这种运算的安排，我们可以看出，这个数字无法被包括N的任何质数整除，因为它除以任何质数都会有余数1。

这就是说，这个数或者本身是一个质数，或者可以被一个大于N的质数整除。无论哪种情况，我们原来关于N是最大质数的假定都是错误的。

人们称这种证明方法为归谬法，即在推导中导出了矛盾的结果。这是数学家喜欢用的方法之一。

一旦我们知道质数的数目是无限的，我们就可以提出一个问题：是否存在着某种简单的方法，能够让我们把它们按照规律一个接一个地罗列出来，不漏掉任何一个。这种方法是古希腊哲学家、数学家埃拉托色尼（Eratosthenes）[1]首先提出的，人们通常称其为"筛法"。你需要做的就是：按顺序写下所有的整数1，2，3，4，……，然后画掉2的所有倍数，然后画掉余下数字中3的所有倍数，然后是5的所有倍数，以此类

1　埃拉托色尼（约前275—前194），古希腊哲学家、地理学家、天文学家、数学家和诗人。

推。埃拉托色尼的筛法对前100个数字的应用（图9）， 其中包括26个质数。通过使用上述简单的筛法，人们已经编制了10亿以内的质数表格。

图9　前100个数过筛盘的情况

然而，如果能够找到一个可以让我们迅速地、自动地、连续不断地找到质数的公式，那么事情就会简单得多了。在许多个世纪中，数学家们进行了无数努力，但这样一个公式仍然暂付阙如。1640年，著名的法国数学家费马（Fermat）以为自己找到了一个只会产生质数的公式。

他发明的公式是$2^{2^{n}}+1$，其中n是1，2，3，4等连续整数。

使用这个公式，我们发现：

$$2^{2^{2}}+1=5,$$
$$2^{2^{2}}+1=17,$$
$$2^{2^{3}}+1=257,$$
$$2^{2^{4}}+1=65,537。$$

从中得出的每一个数字都确实是质数。将近一个世纪后，瑞士数学家欧拉（Leonhard Euler）证明，费马的第五项计算$2^{2^{5}}+1$的结果为4,294,967,297，但这个数并非质数，而是6,700,417和641的乘积。于是，费马计算质数的公式宣告失败。

另外一个引人注目的公式产生了许多个质数，其为

$$n^2-n+41,$$

其中n也取1，2，3等自然数的值。人们证明，当n等于1到40时，所有根据公式做出的计算结果全都是质数，但不幸的是，公式的第41次运算惨遭败绩，事实上

$$(41)^2-41+41=41^2=41\times41,$$

这是一个平方数，不是一个质数。

又有人进行了另一次尝试，这次的公式是

$$n^2-79n+1601,$$

到$n=79$时它还一路高奏凯歌，但在$n=80$时不幸落败！

就这样，找出一个只会产生质数的普遍公式的问题仍然未能得到解决。

数论定理的另一个有趣的例子是证明或者否证1742年提出的"哥德巴赫猜想"。这一猜想宣称：任何偶数都可以表达为两个质数之和。这很容易证明，因为在应用一些简单的例子时，这个猜想是正确的，如12=7+5，24=17+7，32=29+3等。但是数学家们在这方面进行了无数推算，他们都无法给出确定的证据，证明这一猜想准确无误，或者找到一个例子，能够否证这个猜想。直到1931年，一位名叫施尼尔曼（Schnirelmann）的苏联数学家才向最后的证明走出了建设性的一步。他能够证明，每一个偶数是不多于30万个质数之和。更近一步，在施尼尔曼的"30万个质数之和"与人们想要的"两个质数之和"之间的鸿沟被引人注目地缩小了，因为另一位名叫维诺格拉多夫（Vinogradoff）的苏联数学家将之减少到了"4个质数之和"。但从维诺格拉多夫的四个到哥德巴赫的两个之间，这最后的两步似乎是最为艰难的，谁也不知道，人类究竟还需要几年时间，或者是需要几百年时间，才能跨越这两步，

证明或者否证这个艰难的命题。[1]

也就是说，我们希望得到一个公式，能够自动地得到任何一个我们设定的大数以下的所有质数，但距离实现这个希望何其遥远。而且，还没有任何人哪怕做出一项保证，确认可以得到这样一个公式。

我们现在或许可以提出一个更有限的问题，就是在给定的整数区间内，质数相对于所有整数有多大的百分比。当我们探查的数字越来越大时，这个百分比是否大致恒定？如果不是，它会增大还是减小？通过在已有的表格中为质数的数目计数，我们可以以经验的方式回答这个问题。我们通过这种方法发现，存在着26个小于100的质数，168个小于1000的质数，78,498个小于100万的质数，50,847,478个小于10亿的质数。将质数的这些数目除以对应的整数区间，我们得到了如下表格：

数字区间 1~N	质数的数目	比率	1/ln N	偏差（%）
1~100	26	0.260	0.217	20
1~1000	168	0.168	0.145	16
1~10^6	78,498	0.078 498	0.072 382	8
1~10^9	50,847,478	0.050 847 478	0.048 254 942	5

这份表格首先显示的是，质数的相对数目随着整数变大而逐步变小，但完全没有出现某个数值之后不会再有质数的迹象。

是否有一种简单的数学方法，显示质数的这种百分比有着随数字变大而下降的趋势呢？是的，有这样的方法，而且适用于质数平均分布情况的这项定律是整个数学科学最重要的发现之一。它直截了当地宣称：

---

1 中国数学家陈景润（1933—1996）于1973年进一步证明，大偶数都可以表示为一个质数和一个不超过两个质数的乘积之和，即"1+2"。——译者注

在从1到任何更大的数字N之间的数字区间中，质数的百分比约等于N的自然对数的倒数[1]。而且N越大，精确度就越高。

在上一页的表格中，第四列是N的自然对数的倒数[2]。如果你将这些数值与第三列的数值加以比较，就会发现其中的符合程度相当高，而且随着N的增大，二者越来越接近。

与数论中许多其他命题一样，以上陈述的这个质数数量定理最先是根据经验发现的，而且在很长时间内都没有经过严格的数学证明确认。直到19世纪快结束的时候，法国数学家阿达马（Hadamard）和比利时数学家瓦莱·普桑（Vallée Poussin）才成功证明了这个定理，但他们使用的方法过于复杂与困难，不适于在这里解释。

如果没有讲述著名的费马定理，那我们有关整数的讨论将以遗憾收场。这个定理与质数的性质关系不大，我们以此作为这类问题的一个例子。这一问题的根源可以一直追溯到古埃及，那时每个有经验的木匠都知道，如果一个三角形的三边长度是3：4：5的比率，则三个角中必有一个直角。事实上，古埃及人用这样的三角形来制造木匠的曲尺，现在人们称这样的三角形为埃及三角形。[3]

公元3世纪，亚历山大城的丢番图（Diophantns）开始考虑，3和4是不是唯一一对可以令其平方和等于第三个数的平方的整数。他能够证明还有其他具有同样性质的三数组（实际上，这样的三数组有无穷多个），并提出了找到它们的一般法则。现在人们称三条边的长度都是整数数值的直角三角形为毕达哥拉斯三角形，埃及三角形是其中的第一个。可以用一个代数方程简单地陈述构建毕达哥拉斯三角形的问题，其

1　简单地说，可以把自然对数定义为表格中普通对数的值乘以因数2.3026。

2　原文这一句与上一自然段中叙述定理的那一句都漏掉了倒数，此处按照译者的理解添加。——译者注

3　小学几何中对毕达哥拉斯定理的证明中说的是：$3^2+4^2=5^2$。

中的x、y和z都必须是整数：[1]

$$x^2+y^2=z^2。$$

1621年，费马在巴黎买了一本丢番图的著作《算术》（*Arithmetica*）的法文新译本，其中有关于毕达哥拉斯三角形的讨论。当读到这份讨论时，他在书的空白处写下了一份简短的夹注，大意是：虽然方程$x^2+y^2=z^2$有无穷多组整数解，但当n是大于2的整数时，任何形如

$$x^n+y^n=z^n$$

的方程都没有整数解。

"我确实发现了一个非常棒的证明，"费马补充道，"但书的空白处太小了，没法写下来。"

费马去世以后，人们在他的图书馆里发现了这本丢番图的著作，他在书页空白处的夹注的内容也为世人所知。这是三个世纪之前的事，也是从那时起，每个国家最优秀的数学家都试图证明那个费马在写下夹注时想到的定理，但一直到今天都还没有人能够证明[2]。当然，人们在费马定理的证明上已经取得了显著进展，甚至通过这些尝试建立了一个崭新的数学分支，叫作"理想理论"。欧拉证明了方程$x^3+y^3=z^3$和$x^4+y^4=z^4$没

1　使用丢番图的一般规则（取任意两个可令$2ab$成为完全平方数的数值a与b，令$x=a+\sqrt{2ab}$，$y=b+\sqrt{2ab}$，$z=a+b+\sqrt{2ab}$，则$x^2+y^2=z^2$，这一点很容易通过普通代数知识加以验证），我们可以建立一个所有可能的解的表格，这个表格的前面几行是这样的：

$$3^2+4^2=5^2（埃及三角形），$$
$$5^2+12^2=13^2，$$
$$6^2+8^2=10^2，$$
$$7^2+24^2=25^2，$$
$$8^2+15^2=17^2，$$
$$9^2+40^2=41^2，$$
$$10^2+24^2=26^2。$$

2　该定理已经由英国数学家怀尔斯（Andrew Wiles）于1995年证明。——译者注

有整数解；狄利克雷（Dirichlet）证明了方程$x^5+y^5=z^5$没有整数解。而通过几位数学家的共同努力，我们现在有了当n为小于269的任何数值时费马方程没有整数解的证明。但我们还没有找到一个一般证明，即当指数n为任何整数值时方程没有整数解的证明，而且人们越来越怀疑，费马本人当时要么没有任何证明，要么证明中有错误。后来有人慷慨解囊，提供了一份奖项，悬赏10万德国马克征求证明，这让人们对证明定理趋之若鹜。可是，当然了，一切见钱眼开的业余玩家的努力没有得到一个铜板的回报。

当然，这个定理本身是错误的可能性一直存在，或许有一天，人们会发现两个整数的同次幂相加得到第三个整数的同次幂。但因为要找到这样一个例子就只能使用大于269的指数[1]，因此现在的寻找绝非易事。

2.神秘的$\sqrt{-1}$

现在让我们做一点高等算术。$2 \times 2 = 4$，$3 \times 3 = 9$，$4 \times 4 = 16$，$5 \times 5 = 25$。所以，4 的平方根是2，9 的平方根是3，16 的平方根是4，25 的平方根是5。[2]

但是，负数的平方根会是什么呢？诸如$\sqrt{-5}$和$\sqrt{-1}$这类表达式是否有任何意义呢？

1　原文如此。但此处有一个矛盾之处，因为作者前面说过，人们已经可以证明n小于269的情况了，现在又说到"只能使用大于269的指数"，但269本身却并未提及。——译者注

2　找出许多其他数字的平方根也不困难。例如我们知道，$\sqrt{5}=2.236\cdots$，因为（$2.236\cdots$）×（$2.236\cdots$）=5，而$\sqrt{7.3}=2.702\cdots$，因为（$2.702\cdots$）×（$2.702\cdots$）=7.300$\cdots$。

如果你打算按照理性的方式弄清这个问题，毫无疑问你将得到一个结论，即以上的表达式根本毫无意义。我们不妨在此引用12世纪婆罗门数学家婆什迦罗（Brahmin Bhaskara）的话："无论正数或者负数的平方都是正数。因此一个正数的平方根有两个，一个正数和一个负数。负数没有平方根，因为任何负数都不是平方数。"

但数学家都是倔强的人。如果看上去没有道理的东西反复出现在他们的公式中，他们就会尽量想办法从中找出道理来。而负数的平方根当然总是在各种不同的地方出现，无论是让过去的数学家们绞尽脑汁的简单算术问题，还是20世纪相对论框架下的时空统一问题。

在纸上写下一个公式，其中包括表面上全无道理的负数平方根，第一个吃螃蟹的勇者是16世纪的意大利数学家卡尔达诺（Girolamo Cardano）。他当时在讨论如何把数字10分为两部分，使它们的积等于40。这时他证明，尽管这个问题没有任何有理数解，但人们可以得到答案，而这是两个不可能的数学表达式：$5+\sqrt{-15}$ 和 $5-\sqrt{-15}$。[1]

卡尔达诺写下了上面的几行字，然后写下了自己的保留意见，认为这东西毫无意义，是虚数，是想象中的数字，但他还是写下来了。

尽管负数的平方根是想象中的，但如果有人敢于把它写下来，就算解决了把数字10按照希望的样子分成两个数的问题。一旦有人第一个打破了负数的平方根的坚冰（卡尔达诺给它杜撰的译名是"虚数"），这类数字就被数学家们越来越多地用了起来，尽管他们总是有着很大程度上的保留和合适的借口。著名的瑞士数学家欧拉于1770年出版了一部代数著作，其中大量应用了虚数，但为了冲淡可能带来的影响，欧拉特意

1　证明如下：

$(5+\sqrt{-15}) + (5-\sqrt{-15}) = 5+5=10$，且

$(5+\sqrt{-15}) \times (5-\sqrt{-15}) = (5\times5) - 5\sqrt{-15} + 5\sqrt{-15} - (\sqrt{-15}\times\sqrt{-15})$

$= (5\times5) - (-15) = 25+15 = 40$。

发表了声明："所有这些诸如 $\sqrt{-1}$ 和 $\sqrt{-2}$ 等的表达都是不可能的或者是虚构的，因为它们代表的是负数值的平方根；而对于这些所谓的数字，我们可以真诚地断言：它们既不是什么都没有，也不是比什么都没有多一些，也不是比什么都没有少一些，它们只不过是想象的数或者不可能的数。"

尽管他对虚数有一些抨击和借口，虚数还是像分数或者根式那样，很快就变得在数学中不可避免了。因为如果不使用它们，人们简直什么问题也解决不了。

可以这样说，虚数这一家子的成员代表着正常数字或者实数的一个虚拟的镜像。人们可以从基本数字1开始构建所有的实数，与此相同，我们也可以从虚数的基本单位 $\sqrt{-1}$ 开始构建所有的虚数。通常我们可以把虚数单位写成 i。

很容易看出，$\sqrt{-9} = \sqrt{9} \times \sqrt{-1} = 3i$，$\sqrt{-7} = \sqrt{7} \times \sqrt{-1} = 2.646 \cdots i$，等等，于是，每一个普通的实数都有它的虚数对应物。我们也可以像卡尔达诺最初做的那样，把实数和虚数结合起来形成单一表达，例如，$5 + \sqrt{-15} = 5 + i\sqrt{15}$。人们通常称这些混合形式为复数。

虚数闯入数学领域的两百多年间，它们一直蒙着一层神秘的面纱发展，这种状况直到两位业余数学家给了它们一个简单的几何解释之后才宣告结束，这两位仁兄一个是名叫韦塞尔（Wessel）的挪威勘探员，另一个是名叫阿尔冈（Jean Robert Argand）的巴黎簿记员。

根据他们的解释，按照图10所示的方法，可以表述诸如3+4i这样一个复数，其中3对应水平方向的长度或者坐标，4对应垂直方向的长度或者坐标。

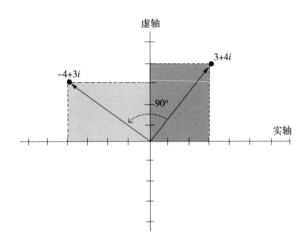

图10 数轴的实数与虚数对应的位置

确实，所有普通的实数，无论正负，都可以表达为水平轴上的点，而所有纯虚数都可以表达为垂直轴上的点。一个像3这样的实数可以表示为水平轴上的一个点，当我们让它与虚数单位i相乘的时候，我们就得到了一个纯虚数3i，我们必须把它画在垂直轴上。因此，某数乘以i在几何上等价于沿逆时针方向旋转90°（图10）。

如果让3i再次与i相乘，则3i必须再次逆时针旋转90°，则我们得到的点又回到了水平轴上，但它现在位于负方向。所以，$3i \times i = 3i^2 = -3$，或者说$i^2 = -1$。

这样一来，与"逆时针连续旋转两个90°会让你面向相反的方向"相比，"i的平方等于-1"这种说法就容易理解得多了。

当然，同样的规则也适用于混合复数。让3+4i乘以i，我们得到：

$$（3+4i）i = 3i + 4i^2 = 3i - 4 = -4 + 3i。$$

你立刻就可以从图10看到，点-4+3i对应于点3+4i绕原点逆时针旋转90°。与此类似，我们也可以从图10看出，乘以-i只不过是绕原点沿顺时针方向旋转90°。

如果你仍然觉得虚数有一层神秘的面纱，你可以通过研究一个具有实际应用意义的简单问题撕开它。

假定有一位喜爱探险的年轻人，在他曾祖父的文件中发现了一张羊皮纸，披露了一处隐藏着的宝藏的位置。纸上的指示：

驾船前往北纬某某度，西经某某度[1]，汝将在那里发现一座无人居住的岛屿。岛屿的北海滩上有一大片开阔的草地，那里有一棵孤零零的橡树和一棵孤零零的松树[2]。汝也将在那里见到一座旧绞刑架，吾等通常在那里处死叛徒。汝以绞刑架为原点走向橡树，并记下走了多少步。在橡树那里汝必须向右转90°，并走出同样多的步数。在那里的地上打下一根尖桩。现在汝必须回到绞刑架那里，接着向松树走去，也记下走了多少步。走到松树那里，汝必须向左转90°，然后走同样多的步数，并在地上打下另一根尖桩。在两根尖桩正中间的地方挖掘，即可找到宝藏。

指示既清楚又明确，于是这位年轻人便包了一条船来到南太平洋。他找到了岛屿、草地、橡树和松树，但让他痛心疾首的是，那座绞刑架全无踪影。文件写下之后，已经过去了许多年。风吹雨打日晒，木质的绞刑架已经腐朽，尘归尘，土归土，就连它当年的痕迹也不知所踪。

这位青年探险家陷入了绝望，然后，在狂暴的愤怒下，他在草地上随意乱挖。但他的一切努力都毫无成效，这座岛太大了！最后他只能空手而归。那宝藏说不定现在还在那里。

这是一个可悲的故事，但更可悲的是，如果这家伙学过一点数学，

1　文件中给出了经纬度，但在文中省略，以免泄露秘密。
2　出于和刚才相同的原因，树的种类也有所改变。很显然，位于一座热带藏宝岛上的树木会有其他的品种。

特别是虚数的应用，他其实是可以找到宝藏的。现在就让我们看看，我们是否能够为他找到宝藏，尽管现在为时已太晚，不会对他有什么帮助了。

将这座岛屿视为一个复数平面，连接两棵树，画出实数轴，在两棵树中点处，以与实轴垂直的方向画出虚数轴，见图11。以两棵树之间的距离的一半作为我们的长度单位，我们可以说橡树的位置在实轴的-1点上，松树在$+1$点上。我们不知道绞刑架在哪里，所以用一个希腊字母Γ（大写的伽马）标注它的假定位置，这个字母看上去有点像个绞刑架。因为绞刑架不一定会在两根轴上，所以我们必须把Γ写成复数形式：$\Gamma=a+bi$，其中a与b的意义已在图11中有所解释。

图11　利用虚数探宝

在记住了上述虚数乘法规则的情况下，现在让我们做一些简单的计算。如果绞刑架在Γ，橡树在-1，它们之间的距离和方向可以记为$(-1)-\Gamma=-(1+\Gamma)$，同样，绞刑架和松树之间的距离和方向可以记为$1-\Gamma$。根据上述规则，要将这两个距离沿顺时针方向（向右）和逆时针方向（向左）各旋转90°，我们就必须分别乘以$-i$和i，于是便可以找到打下的尖桩的位置，方法如下：

第一根尖桩：$(-i)[-(1+\Gamma)]+1=i(\Gamma+1)+1$；

第二根尖桩：$(+i)(1-\Gamma)-1=i(1-\Gamma)-1$。

因为宝藏位于两个尖桩连线的中点，所以我们现在必须计算出上面两个复数之和的一半。由此我们得到：

$$\frac{1}{2}[i(\Gamma+1)+1+i(1-\Gamma)-1]$$

$$=\frac{1}{2}(+i\Gamma+i+1+i-i\Gamma-1)$$

$$=\frac{1}{2}(+2i)=+i。$$

现在我们可以看出，以Γ为标注的绞刑架的位置已经在计算的过程中被消去了，因此，无论绞刑架原来在什么地方，宝藏都一定位于点$+i$。

所以，如果那位探险青年能够知道这么简单的算法，他就没有必要把整个草地挖上一遍，而是在图11上打了一个叉的点上破土，从而发现宝藏。

如果你仍然不相信在不需要知道绞刑架位置的情况下就能发现宝藏，你可以在一张纸上标注两棵树的位置，假定几个绞刑架的位置，并试着执行羊皮纸上的指示，你都会得到同样的地点，对应于复平面上的$+i$！

通过使用-1的虚数平方根，我们还发现了另一个隐藏着的宝藏，一个惊人的发现：按照四维几何的规则，我们的普通三维空间和时间可以统一，形成一个四维图像。我们将在下一章中讨论阿尔伯特·爱因斯坦的想法和他的相对论，那时候我们会重新提及这一发现。

第二部分

空间、时间和爱因斯坦

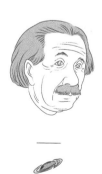

不寻常的空间性质

1.维度和坐标

　　我们都知道什么是空间，但如果要准确地用文字阐述空间的定义，我们有可能会茫然不知所措。我们或许会说，空间就环绕在我们周围，我们可以在其中前后左右上下移动。那里存在着三个相互垂直的方向，这就是我们生活的物理空间的最基本的性质之一。我们说空间有三个方向，或者说它是个三维空间。我们可以用这三个方向来确定其中的任何位置。如果我们身处一座陌生的城市，到旅馆的服务台，询问应该如何找到一家知名公司的办公室，服务员可能会这样回答："向南走五个街区，再向右走两个街区，上七楼。"人们通常称刚刚的这三个数字为坐标，它们在这里确定了城市的街道、建筑物的楼层和作为原点的旅馆前厅之间的关系。但很显然，通过使用坐标系，人们可以在任何其他地点给出同一个位置的方向，它们将正确地表达新的原点与目的地之间的关系。只要我们知道新的坐标系相对于旧的坐标系的位置，我们就可以通过简单的数学过程，用旧的坐标表示新的坐标。这一过程叫作坐标变换。我们或许可以在这里补充一句：用表示距离的数字作为坐标并非必须，在某些情况下，实际上用角度作为坐标更为方便。

作为例子，用街和路所组成的直角坐标系表达纽约市的地址非常方便，但莫斯科的地址用极坐标系表示则更加方便，因为这座古城是围绕着克里姆林宫的中心城堡发展起来的，带有呈放射状分布的街道和几个同心环状的环城大道。鉴于此，在说某座房屋的位置时，我们就会很自然地说，它位于克里姆林宫墙西北方位20街区外。

美国首都华盛顿的海军部建筑物和国防部五角大楼建筑物分别是直角坐标系和极坐标系的经典例子，这对第二次世界大战期间参与过战争的任何人来说都不陌生。

我们在图12中给出了几个例子，说明可以怎样用三个不同的坐标描述空间内的一点，这三个坐标有的是距离，有的是角度。但无论我们选择哪种坐标系，我们都需要三个数据，因为我们处理的是三维空间。

我们只有三维空间的概念，因此想象具有三个以上维度的超空间比较困难，但我们以后就会看到，这样的空间是存在的。相反，构建一个维度数小于3的子空间则很容易。一个平面，一个球的表面，或者任何一个表面，它们都是二维子空间，因为表面上一点的位置只用两个数字就可以描述。同样，一条线，无论是直线或者曲线，都是一个一维子空

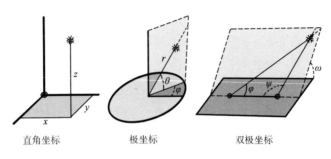

直角坐标　　　　极坐标　　　　双极坐标

图12　用三个坐标表示空间中某一点的位置

间，我们只需要一个数字便可以描述线上某一点的位置。我们也可以说，一个点是一个零维子空间，因为在一个点中没有不同的位置。但谁又会对点有兴趣呢?

作为三维空间内的生物，我们发现，与理解我们作为其中一部分的三维空间的几何性质相比，理解线和表面的类似性质要容易得多，因为我们可以高屋建瓴地"从它们的外部"观察。这一点可以解释如下事实：尽管你可以毫无困难地理解一条曲线或者一个曲面的含义，但一旦知道三维空间也可以是弯曲的，这会让你大吃一惊。

然而，只要经过一番练习，再加上对"曲率"这个词的真实含义有所理解，你就会发现，弯曲的三维空间这个概念其实非常简单，在下一章快结束的时候，你甚至能够（我们希望你能！）轻而易举地看出，某些概念第一眼看上去非常可怕，但其实不过是一个弯曲的四维空间而已。

在讨论这些概念之前，我们不妨先试做几个"思维体操"，其中涉及普通的三维空间、二维表面和一维线的一些事实。

2.没有测量的几何

几何是有关空间测量的科学[1]。你在学生时代开始熟悉几何，你或许还会记得，几何主要是由各种长度与角度之间数值关系的大量定理组成的，例如著名的毕达哥拉斯定理（即勾股定理），它阐述了直角三角形中的三条边长度之间的关系。但是空间的许多最基本的性质其实并不需要对长度或者角度进行任何测量。人们称研究这些问题的几何分支为拓扑学[2]，它是数学领域最富挑战性的分支之一。

举一个典型拓扑学的简单例子，考虑球面这样一个封闭的几何表面，并用一个由一些线组成的网络将它分为许多不同的区域。我们可以在这个球面上随意确定已知数量的点，并用互不相交的线把它们连接起来，这样便形成了一个图形。在初始点的数目、代表相邻区域的边界的线的数目和区域本身的数目之间存在着什么样的关系呢？

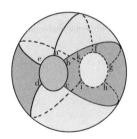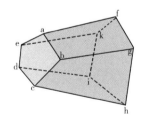

图13　将一个分为不同区域的球体转化为一个多面体

1　"几何"（geometry）这个名字来自两个希腊词，其中ge=大地，或者不如说是土地；而metrein=测量。显然，在构建这个词的时候，古希腊人对这一主题的兴趣主要在于他们的房地产。

2　这个词分别来自拉丁文和希腊文，意思是对位置的研究。

首先，很显然，如果我们选择的不是球面，而是一个像南瓜那样压扁了的球状体，或者是一个像黄瓜那样拉长了的形体，出现在它们身上的点数、线数和区域数之间的关系将会与球面上呈现出的关系完全一样。事实上，我们可以选用任何封闭的表面，让一个橡皮气球变形，拉长它，或是挤压它，或是随心所欲地对它做我们想做的任何事情，只要不切开或者撕破它，那么对于它的形成或者对于我们问题的答案，都不会发生引人注目的改变。这一事实与几何中的普通数量关系中呈现的事实（例如，存在于线段长度、表面面积和几何体体积之间的关系）形成了鲜明的对照。的确，如果我们将一个立方体拉伸成一个平行六面体，或者将一个球体挤压成薄饼，普通的数量关系会发生明显的改变。

对于我们那个划分为不同区域的球面，可以压平其每一个区域，这就把球体变成了一个多面体（图13），而原来作为不同区域的边界线的那些线变成了多面体的棱，原来那套点的集合变成了多面体的顶点。

我们现在可以在不改变其意义的情况下，重新构建前面的问题，将它转变为一个有关任意多面体的顶点数、棱数和面数的关系的问题。

在图14中，我们给出了五个正多面体，它们所有的面都是全等的正多边形，也就是各边各角都相等的多边形，另外还有一个根据想象随心所欲画出的不规则多面体。

在每一个这种几何形体中，我们可以数出顶点、棱和面的数目。如果这些数目之间有关系，那会是怎样的关系呢？

通过直接计数，我们可以建立下面的表格：

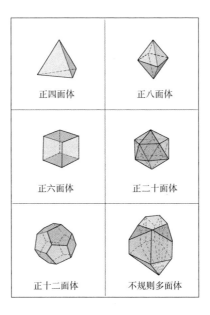

图14　五种正多面体（仅有的五种）和一种不规则多面体

形体名称	V，顶点数	E，棱数	F，面数	$V+F$	$E+2$
四面体（金字塔形）	4	6	4	8	8
六面体	8	12	6	14	14
八面体	6	12	8	14	14
二十面体	12	30	20	32	32
十二面体或 五角十二面体	20	30	12	32	32
不规则二十六面体	21	45	26	47	47

　　开始时，头三列中的数字（分别标以V，E，F）似乎没有任何确定的关联，但在进行了一点点研究之后，你将发现，V和F两列数字之和总比E列的数字大2。于是我们可以写下它们之间的数学关系：

$$V+F=E+2。$$

这个关系是否只适用于图14中所示的五种特定多面体呢？或者它对于任何多面体都是正确的吗？如果尝试画出另外一些与图14所示不同的形体，数一下它们的顶点数、棱数和面数，我们就会发现，这一关系在各种情况下都成立。于是很明显，$V+F=E+2$ 是一个有关拓扑性质的普遍数学定理，因为这一关系表达式并不依赖于测量棱长或者面的面积，而只涉及顶点、棱和面这些不同几何单元的数目。

我们刚刚发现了多面体的顶点、棱和面的数目之间的关系。第一个注意到这种关系的，是17世纪著名法国数学家勒内·笛卡儿（René Descartes），而严格证明它的是另一位数学天才利昂纳多·欧拉，这个公式现在被命名为欧拉定理。

以下是欧拉定理的完整证明，引用的是R. 柯朗（Richard Courant）和H. 罗宾（Herbert Robbins）的著作《什么是数学？》（*What Is Mathematics?*）[1]中的文字，以此告诉大家这类工作是如何进行的：

为了证明欧拉公式，我们想象一个其表面用橡皮薄膜做成的空心简单多面体（图15a）。这时如果剪掉这个空心多面体的一个面，我们就能把剩下的表面变形、展开、平放到一平面上（图15b）。当然，这个表面的面积以及多面体棱与棱之间的夹角在这过程中是改变了。但是，在这平面上由顶点和边形成的网络和原来的多面体包含同样的顶点数和棱数，只是多边形的个数比原来多面体上的多边形少了一个，因为一个面被剪掉了。我们现在将说明，这个平面网络有$V-E+F=1$。这样，如果加

1　经R.柯朗博士与H.罗宾博士以及牛津大学出版社慨允，我得以在此引用欧拉定理的以下证明，本人特致真挚谢忱。任何由于在此给出的少量例子而对拓扑学的有关问题感兴趣的读者，皆可在《什么是数学？》这部著作中找到有关这一主题的更详细的阐述。

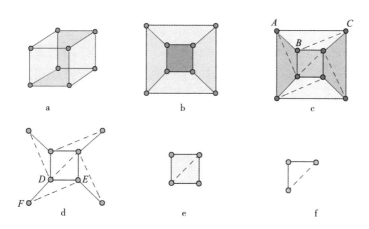

图15 欧拉定理的证明。这里的草图针对立方体的特例，但证明的结果对任何其他多
　　面体都有效

上剪掉的面，则对原来的多面体，结果是$V-E+F=2$。

　　我们把这个平面网络按下述方式"分成三角形"：对网络的某个不
是三角形的多边形，我们画出它的一条对角线。这样做的效果是使E和
F同时增加1，因此保持$V-E+F$的值。我们继续画出连接这些点的对角
线（图15c），直到图形完全由三角形组成为止——最终必然会如此。
在这三角形的网络中，$V-E+F$的值与被分为三角形之前的值一样，因
为做对角线的过程中没有使它改变。这里，有些三角形的边是平面网
络的边界。其中有的三角形，例如$\triangle ABC$，只有一条边在边界上，而
另一些三角形可以有两条边在边界上（图15d）。我们取一个边界三角
形，去掉不属于其他三角形的那些部分。因此从$\triangle ABC$中我们去掉边
AC和平面，剩下顶点A，B，C，以及AB和BC两条边；而从$\triangle DEF$中我
们去掉两条边DF、FE及顶点F和平面。去掉一个像$\triangle ABC$这种类型的
三角形，将使E和F减少1而V不受影响，所以$V-E+F$保持不变。去掉一
个像$\triangle DEF$这种类型的三角形，将使V减少1，E减少2而F减少1，所以
$V-E+F$仍然不变。适当地采取一系列这种做法，我们就能去掉边界上

有边的三角形（每次去掉这种三角形，边界都跟着改变），直到最后只剩下一个三角形。它有三个边、三个顶点和一个面。对这简单的网络$V-E+F=3-3+1=1$。但是我们已经看到，不断地消去三角形，不会改变$V-E+F$的值。所以，原来的平面网络$V-E+F$也必须等于1，对消去了一个面的多面体也是等于1。我们得出结论，对完整的多面体有$V-E+F=2$。这就完全证明了欧拉的公式。

欧拉定理的一个有趣推理是，只存在五个正多面体，即图14中所示的那五个。

然而，仔细阅读最后几页的讨论，你或许会注意到，在画出图14所示的"所有不同类型的"多面体的时候，以及在最后让欧拉定理得以证明的数学推理过程中，我们曾做出一个隐晦的假定，结果对我们的选择造成了相当大的限制。也就是说，我们在选择多面体时只考虑那些不带有任何对穿孔洞的类型。这里说的孔洞，并不是指橡皮气球上的破洞，而是像一个甜甜圈上的孔洞，或者是一个封闭的自行车内胎围成的孔洞。

看一下图16便可以清楚地说明这种情况。我们在这里看到了两个不同的几何形体，毫无疑问，每一个都是多面体，在这方面，它们与图14中所示的形体毫无区别。

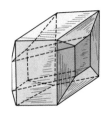

图16 对于普通的立方体的两个竞争者，它们分别带有一个和两个对穿孔洞。我们可以看到，它们的各个面并不全是严格的长方形，但这在拓扑学上无关紧要

现在让我们看一下，欧拉定理是否适用于这两个新多面体。

第一个多面体，我们总共数出了16个顶点、32条棱和16个面，于是$V+F=32$，而$E+2=34$。第二个多面体，有28个顶点、46条棱和30个面，于是$V+F=58$，而$E+2=48$。都错了！

为什么会这样？为什么我们对欧拉定理的上述普遍证明在这些情况下失败了呢？

麻烦出在这里：我们上面考虑的所有多面体都与足球内胆或者气球相关，而这种新的中空的多面体却更像一个自行车内胎或者更加复杂的工业橡胶产品。以上给出的数学证明无法应用于后面这类多面体，因为对于这类形体，我们无法执行证明中的一切必要操作。事实上，我们在证明中必须做到："剪掉这个空心多面体的一个面，我们就能把剩下的表面变形、展开、平放到一平面上。"

如果是一个足球内胆，在它的表面剪去一个缺口，你将很容易做到，但无论你做出什么样的努力，你都无法在自行车内胎上做到这一点。如果图16还无法说服你，你可以找一个自行车内胎，自己试试看！

但千万不要认为，这些更加复杂的多面体的V、E和F之间不存在相关性，它们有着一种不同的关系。对于甜甜圈类多面体，或者用更科学的语言来说，对于圆环面状的多面体，它们的$V+F=E$，而对于椒盐卷饼状的多面体，则$V+F=E-2$。普遍地说，$V+F=E+2-2N$，此处N是孔洞数。

另一类与欧拉定理密切相关的典型拓扑学问题是所谓的"四色问题"。假定我们有一个球表面，细分为一些不同的区域，而且我们需要为这个表面上色，但必须在任何两个有共同边界的相邻区域上使用不同的颜色。为了完成这样一个任务，我们至少需要几种颜色？很显然，如果某一点有三段不同的边界交会（如美国地图中的弗吉尼亚州、西弗吉尼亚州和马里兰州，图17），那么两种颜色显然是不够的，因为我们需要用不同的颜色为这三个州上色。

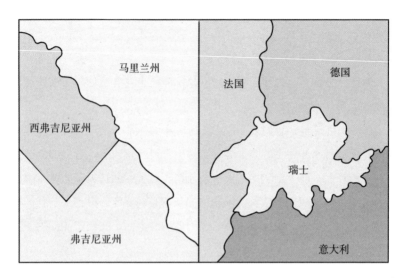

图17 马里兰州、弗吉尼亚州和西弗吉尼亚州（左图）的拓扑地图；瑞士、法国、德
国和意大利（右图）的拓扑地图

　　同样，找到一个需要四种颜色的例子也不困难，德国吞并奥地利时期，瑞士就是这种情况（图17）。[1]

　　无论如何尝试，你永远都无法在想象中构建一张必须使用四种以上颜色的地图，无论是在地球仪上还是在纸上。[2]似乎无论地图何等复杂，四种颜色都足够用，可以避免在边界线上发生任何混淆。

　　好吧，如果最后的这一陈述是正确的，人们应该能够用数学证明。

1　三种颜色在吞并之前是够用的：瑞士，绿色；法国与奥地利，红色；德国与意大利，黄色。

2　在颜色问题上，平面地图和地球仪的情况是相同的，因为一旦在地球仪上解决了这个问题，我们便可以在上了颜色的区域上打一个小洞，把得到的表面"打开"，变成平面地图。这又是一个典型的拓扑学变换。

尽管几代数学家付出了艰苦努力，但这一点仍然未能做到[1]。从来没有人怀疑某些数学命题，但同样也没有人能够证明它们，四色问题就是一个典型例子。人们在这个数学问题上达到的最高成就是证明五种颜色肯定是足够的。这一证明建立在欧拉定理的基础上，人们把这一关系应用于某个数量的国家，它们的边界的数量，以及在一个点上有三个、四个等数目的国家领土相邻的情况。

这个证明相当复杂，而且会让我们偏离讨论的主题，因此我们无法放在书中，感兴趣的读者可以在有关拓扑学的多种图书中找到，并在这个问题的思考中度过一个愉快的晚上，或者是一个不眠之夜。如果有人可以尝试证明，用五色甚至四色就足以为任何地图上色，或者他可以怀疑四色问题这个陈述的可靠性，并真的能画出一张地图，证明四种颜色根本不够用，无论成功地完成了哪一种尝试，他的名字都会在未来几个世纪的纯数学界被人铭记。

颇为讽刺的是，无论在地球仪还是地图上，颜色问题长期以来都让人们束手无策，但在更复杂的表面上，例如在甜甜圈或者椒盐卷饼的表面上，这个问题却可以通过相对简单的方法解决。例如，人们已经证明，七种颜色便足以为一个甜甜圈的任何可能分割上色，不会让任何相邻部分有同样的颜色，而且找到了实际上必须使用七种颜色的例子。

如果哪位读者希望再好好地伤一次脑筋，他可以弄一个泄了气的自行车内胎和一套七种颜色的颜料，尝试给内胎的表面上色，让每个给定颜色的区域与带有不同颜色的其他六个区域分享共同边界。在这样做了之后，他可以说："我确实知道了应该如何给甜甜圈的表面上色。"

1　1976年，美国数学家阿佩尔等人借助电子计算机首次得到了一项完全的证明。——译者注

3.让空间内外交换

迄今为止，我们一直只是在讨论各种表面的拓扑性质。也就是说，只有两个维度的空间的拓扑性质，但很清楚的是，我们生活在三维空间里，类似的问题也可以出现。于是，我们可以或多或少地以如下方式把地图上色问题在三维空间中推广：我们需要用不同材料的不同形状的嵌板构建一个镶嵌式空间，而且想让同一种材料的任何两块嵌板都不会在共同表面上接触。我们必须有多少种不同的材料？

在一个球或者圆环面表面上的颜色问题在三维空间中的类比是什么？我们是否能够想出一些不同寻常的三维空间，它们与我们的普通空间具有同样的关系，就像球体或者圆环面的表面与普通的平面表面那样的关系？这个问题在开始时看上去毫无道理。事实上，尽管我们能够轻而易举地想到各种形体的表面，但我们往往会相信，很可能只存在着一种三维空间，即我们身在其中的这个熟悉的物理空间。但这种想法是一个危险的错觉，只要稍微发挥一下想象力，我们就能够想到一些三维空间，它们与在欧几里得几何的课本中研究的空间有很大的不同。

想象这种古怪的空间的问题主要在于，我们自己是三维空间中的生物，可以说，我们观察这个空间的方法是"从内部着眼"，而不像我们观察许多奇形怪状的表面那样，是"从外部"进行的。但是，在进行了一些"思维体操"之后，我们将征服这些古怪的空间，而不会碰到太多的麻烦。

让我们先尝试构建一个三维空间的模型，它具有类似于一个球表面的性质。当然，球表面的主要性质是：它没有边界，只有有限的面积；它只是旋转过去，自己封闭了起来。我们是否能够想象一个三维空间，它能够以类似的方式自我封闭，从而具有有限的体积，而又没有明显的边界呢？考虑两个球体，每个都限制在球面之内，就好像苹果的本体被限制在它的果皮之内一样。

　　现在想象，这两个球体在我们的推动下"相互穿过"，并沿着外表面连接在一起。当然，我们并没有告诉你，真的可以拿两个具有实体的物体，比如两个苹果，然后推挤它们，让它们互相穿过，让它们的果皮粘在一起。苹果会被挤碎，但永远不会相互穿过。

　　反之，我们必须考虑一个因为虫子啃咬而带有复杂隧道体系的苹果。必定存在着两窝不同的虫子，不妨说是白虫子和黑虫子，它们相互抱有敌意。尽管它们可能是在苹果表面相邻的点上挖掘隧道的，但它们在苹果内部的隧道永远不会连在一起。遭受这两种虫子侵袭的苹果最终的样子多少与图18类似，其中包括两套隧道网络，各自紧密缠绕，在苹果的整个内部到处都是。

图18　一个苹果内两种虫子啃咬的隧道

　　但是，尽管白隧道和黑隧道通过的位置相互之间非常接近，但从迷宫的一半走向另一半的方法首先是走出表面。如果你想象这些隧道变得越来越细，它们的数量越来越多，那你将会想象到苹果内部的这个空间，因为它是由两个相互独立的空间重叠形成的，它们只在共同表面上有联系。

如果你不喜欢虫子，你可以考虑一个封闭的走廊和楼梯的双重体系。例如，可以把它们设在纽约最近一次世界博览会的庞大球体内。你可以认为，每一个楼梯体系都穿过这个球的整个空间，但要从第一个体系中的某一个点走向第二个体系的相邻的一点，人们将不得不走完全程来到球的表面（两个体系只有在那里才连接在一起），然后再一直走回去。我们可以说，两个球重叠，但相互之间没有干扰，而你的一位朋友可能离你很近，但事实上，为了见到你并与你握手，他将不得不绕道走一大段路！重要的是，要注意到，两个楼梯系统的结合点将不会与苹果内部的其他点有任何实际上的差别，因为人们总是有可能让整个结构变形，这会把各个结合点拉向内部，而本来在内部的点会走向表面。关于我们模型的第二个要点是：尽管所有隧道的总长度实际上是有限的，但不存在"尽头"。你可以在走廊和楼梯上不停地走下去，不会被任何墙壁或者围墙挡住去路，而如果你走得足够远，你将不可避免地发现自己又回到了原来的出发点。如果从外部观察整个结构，我们可以说，一个沿着迷宫运动的人最终将回到他的出发点，这只不过是因为走廊逐步绕了回来，而对内部的人们来说，他们甚至根本无法知道存在着"外部"这样一种东西。这个空间看上去大小有限，却没有任何有标志的边界。我们将在后面的某一章中看到，这个"自我封闭的三维空间"没有明显的边界，却完全不是无限的，这种概念在讨论宇宙的一般基本性质时非常有用。事实上，尽管望远镜的能力还十分有限，但通过它们的观察似乎能得出这样的结论：虽然这些空间十分庞大，但它们似乎开始弯曲，表现出了十分明显的回转和自我封闭的倾向，其方式与我们前面讲到的虫子在苹果中凿通隧道的例子十分相似。但在我们继续讨论这些令人兴奋的问题之前，我们必须学习一点空间的知识。

我们还没有完全结束有关苹果和虫子的讨论，下一个问题是：是否有可能将一个虫蛀的苹果变成一个甜甜圈？当然，我并不是说要让这个苹果吃起来像一个甜甜圈，而只是让它看上去像而已。我们现在讨论的是几何学，不是烹饪。让我们拿一个前面讨论的双重苹果，就是两个"相互推挤到一起"，并沿着它们的表面"粘到一起"的苹果。假设有一只虫子，它在一个苹果里面吃出了一条宽阔的环形隧道（图19）。请注意，只是在一个苹果内部。所以，在这个隧道外的每一个点都是双重的，即同时属于两个苹果，而在隧道内部，我们只剩没有被这只虫子吃掉的物质。现在，我们的"双重苹果"有一个由隧道的内壁组成的自由表面（图19a）。

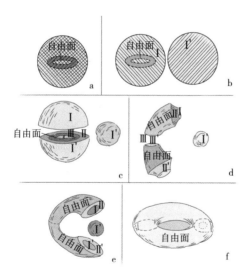

图19　如何把一只被虫子吃过的双重苹果变成一个很好的甜甜圈。绝非魔法，只不过是拓扑学而已

你能够改变这个被虫子糟蹋了的苹果，把它变成一个甜甜圈吗？当然，我们假定苹果的物质具有极大的可塑性，因此你可以随心所欲地以你想采取的任何方式塑形，只需要遵守一个原则，即绝不可以发生物质

爆裂的现象。为了让这种操作可行，我们可以切开苹果，只要在我们想做的变形操作完成之后再粘好就可以了。

我们开始这个操作的第一步是切开让这个"双重苹果"得以形成的两个部分的果皮，并将它一分为二（图19b）。我们分别以数字Ⅰ和Ⅰ'标记这两个没有粘在一起的表面，这样我们就可以在以后的操作中追踪它们，使我们能够在全部工作结束之后再把它们粘到正确的位置上。现在，在包含着虫子吃出了隧道的那部分上面横切一刀，让这一刀把隧道剖开（图19c）。这个操作打开了两个新切出来的表面，我们分别将其标注为Ⅱ和Ⅱ'、Ⅲ和Ⅲ'，这样我们就知道以后到底应该在哪里把它们再粘到一起。这一操作同时也暴露了隧道这一自由表面，它最终会变成甜甜圈的自由表面。现在把切出来的部分按照图19d所示的方式拉伸，自由表面现在被拉伸得很大，根据我们的假定，我们使用的材料是完全可以任意拉伸的！与此同时，被切开的表面Ⅰ、Ⅱ、Ⅲ都变小了。我们现在是在对付第一半双重苹果，但我们也必须同时压缩第二半苹果，让它变得只有樱桃那么大。现在，我们已经做好了一切准备，可以开始沿着我们做出的切口把各部分粘回去了。第一步很容易，只要把Ⅲ和Ⅲ'粘到一起就行了，这便形成了图19e所示的样子。下面把缩成樱桃大小的第二半苹果放到刚刚形成的大钳子的两端之间，同时把两端接在一起。标注着Ⅰ'的圆球将和它原来在一起的表面Ⅰ重合，而切出来的表面Ⅱ和Ⅱ'也互相粘合在一起。于是，我们得到了一个甜甜圈，漂亮而又光滑。

进行这样的操作意义何在？

什么意义也没有，只是让你做一道想象几何的练习题，是"思维体操"的一种形式，它将帮助你理解弯曲空间和空间自我封闭这类不寻常的事物。

如果你想要进一步扩展你的想象，下面是以上过程的一个"实际应用"。

　　尽管你或许从来没有想到这一点，但你的身体也带有甜甜圈的形状。实际上，在胚胎这一人体发育的最初阶段，每一个生命体都经历了叫作"原肠胚"的这个阶段，这时它具有圆球状，一个宽阔的隧道横亘中间。它从隧道的一端摄入食物，当身体从食物中吸收了它能够吸收的任何养料之后，剩余物从另一端排出。在发展成熟的生命体中，内部的隧道变得更狭窄，也更复杂，但原则仍然是相同的：甜甜圈的一切几何性质仍旧保持不变。

　　好吧，既然你是一个甜甜圈，那就按照图19所示过程的反方向变换，尝试一下让你的身体（在脑海中！）变成一个内部带有隧道的双重苹果吧。尤其是，你将发现，你身体中不同的部分将有一部分相互叠加，形成那个"双重苹果"的形体，而整个宇宙，包括地球、月亮、太阳和星星，都将被压缩，进入内部的环形隧道！

　　尝试画出这样的图像，如果你做得不错，达利（Salvador Dali）[1]将自愧不如，承认你在超现实主义绘画艺术方面的超人天赋！（图20）

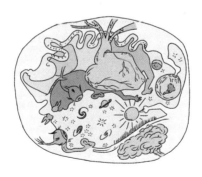

图20　内外颠倒的宇宙。这幅超现实主义的图画代表了一个在地球表面行走并仰望星空的男子。这一图画是按照图19所示的方法做过拓扑学转化的，于是地球、太阳和星星都挤在一个隧道里，它相对狭窄，穿过人体，周围是他的内部器官

1　达利（1904—1989），西班牙超现实主义画家。——译者注

尽管这一节已经不短了，但在结束之前，我们还必须讨论一下右手与左手物体和它们与空间一般性质之间的关系。通过一双手套引入这个问题或许是最方便的方式。如果比较一双手套的两只（图21），你会发现它们的一切尺寸都相同，但其中有很大的区别，因为无论你右手戴左手套还是左手戴右手套都很不舒服。你可以随意弯折与扭曲它们，但右手套仍然是右手套，左手套仍然是左手套。我们同样可以在其他地方发现右手与左手物体的类似差别，如右脚鞋与左脚鞋、美国式和英国式的不同汽车方向盘机械结构[1]、高尔夫球杆以及许多其他事物的构造。

图21　右手型与左手型物体看上去完全一样，但它们之间还是相当不同的

另一方面，像男人的帽子、网球拍等许多其他事物则不会显示出这种差别，谁也不会蠢到这种程度，跑到哪个商店里订购12只左手用的茶杯，而如果有人让你去跟邻居借一把"左手活扳手"，那肯定是瞎胡闹。这两类事物的差别何在呢？如果多琢磨一会儿，你会发现，帽子或者茶杯这类事物上有一种我们称之为"对称平面"的东西，如果我们沿

1　英国公路左侧行驶，美国公路右侧行驶，因此在汽车驾驶设备的设计上有所不同。——译者注

着这个平面切开，物体会变成完全相同的两部分。手套或者鞋子上没有这样的对称平面。无论你如何尝试，都没法把一只手套切成等同的两部分。如果一个物体没有对称平面，我们就会说它是不对称的，那它就必定会有两种不同的变形——右手型和左手型。这种差异不仅出现在手套或者高尔夫球杆这类人造物品上，它也经常出现在自然界里。例如，有两类蜗牛，它们在各方面完全相同，但房子造型却不一样：一类蜗牛的壳是顺时针方向旋转的，另一类的壳则是逆时针方向旋转的。所谓分子是构成一切不同物质的微小粒子，即使它们时常也带有右手或者左手形式，与右手套和左手套以及顺时针和逆时针的蜗牛壳非常相似。你当然看不到分子，但它们的非对称性表现在晶体的形式上，以及这些物质的某些光学性质上。例如，有两种不同的糖，右旋糖和左旋糖（即葡萄糖和果糖），而且不管你相不相信，甚至还有两种吃糖的细菌，每种只吃与自己同类的糖。

　　如上所述，让一个右手型的物体，比如一只手套，变成左手型的，这看上去是相当不可能的。但果然如此吗？或者会有什么人，能够想出一种巧妙的空间，可以在其中做出这种事情来？为了回答这个问题，可以从一些在某个表面上生活的扁平居住者的观点出发检查这个问题，我们可以用高出一个层次的三维观察的眼光观看它们。图22中有一些在扁平国度中可能有的居住者的典型例子，从中我们可以看到，这个国度只是个二维空间。我们可以称站在那里、手里拿着一串葡萄的男人为"正脸人"，因为他只有"正脸"而没有"侧脸"。旁边那头牲畜却是一头"侧脸驴"，或者更确切地说，是一头"右视侧脸驴"。当然，我们也可以画出一头"左视侧脸驴"来，而且，因为两头驴子都被限制在表面上，因此按照二维观点，它们是不同的，这种情况和在我们的普通空间的右手套和左手套是一样的。你无法在一头"右驴子"上叠加一头"左驴子"，因为要把它们的鼻子和尾巴都放到一起，就必须把其中一个翻转下，这样一来，它的腿就会飘浮在空气中，而不是坚定地站在地上。

图22 一个有关生活在平面上的二维"影子生物"的想法。这种二维生物在实际生活中问题不小。画中的男人有一张正面脸，但没有侧像，没法把他手里拿着的葡萄放到嘴里。那头驴子吃葡萄没问题，但它只能朝右走；要向左边运动便只能倒退。这对驴子来说并没有什么不寻常，但总的来说不是什么好事

　　但如果把一头驴子从面上拿出去，在空间中翻转之后再放回去，这两头驴子就完全一样了。通过类比，我们可以说，如果把一只右手套从我们的空间带去四维空间，并在那里以恰当的方式翻转之后放回去，我们就可以把右手套变成左手套。但我们的物质空间不存在第四个维度，人们一定认为上述方法非常不可能。那就没有任何其他的方法了吗？

　　好吧，让我们回到二维世界中，但不考虑像图22那样的普通平面表面，而是去研究所谓的"莫比乌斯表面"的性质。这种表面是以一位德国数学家的名字命名的，他在差不多一百年前首次对此进行了研究。选用一张普通的长条纸，扭转之后粘上它的两端，很容易就做成了一个环。仔细观察图23，你就能够学会制造它的方法。这个表面有许多独特

的性质，你可以用这种方法发现其中之一：用一把剪刀，沿着一条平行于长边的线（即沿着图23中的箭头）把它完全剪开。你当然会认为，这样做会把一个环变成两个分开的环。做一做，你就知道你猜错了：你没有得到两个环，而是只有一个，但它的长度是原来的环的两倍，宽度只是原来的一半！

图23 莫比乌斯表面和克莱因瓶

现在让我们看看，当一头影子驴围绕着莫比乌斯表面行走时会发生什么事情。假设它从图23上的位置1出发，此刻我们看到它是一头"左侧脸驴子"。随着它走啊走，在通过位置2和3时还可以清楚地在图中看到，然后它就接近原来的起点。但让你和它都吃惊的是，驴子在位置4发现自己处于尴尬的境地：它的腿朝上悬在空中。它当然可以在表面上转动，这样它的两条腿就下来了，但那时它面对的方向就不对了。

简言之，因为在莫比乌斯表面上走了走，我们的"左侧脸驴子"就变成了"右侧脸驴子"。而且请注意，尽管这次驴子一直在表面上，没有被拿起来在空中翻转，但还是发生了这种现象。所以我们发现，在扭曲的表面上，右手型的物体可以变成左手型的物体，反之亦然，只要带着它绕着扭曲的地方走一趟就行了。图23所示的莫比乌斯带是更普遍的一类表面中的一个，这类表面叫"克莱因瓶"，如图23右侧，它只有一个表面，自我封闭，完全没有明显的边界。如果这种表面可能在二维表面上出现，在把它带到三维空间之后肯定也可以让它发生同样的事情，但当然需要找到恰当的方法扭曲一下。想象一个空间的莫比乌斯扭曲自然不容易。我们无法像观察驴子的表面那样从外部观察我们的空间，而当我们处身于事物中间时，要看清它们总是困难的。但天文学空间自我封闭，并且以莫比乌斯的方式扭曲，这种情况则完全有可能发生。

如果确实如此，环绕宇宙的旅行者们回来时，他们的心脏将会在胸腔的右侧就位，而手套和鞋子制造商将得到双重好处，因为他们可以简化生产，只提供一种手套和鞋子就可以了，让其中一半周游宇宙，变成全世界人民的手和脚需要的另一半。

用这样一个神奇的想法，我们结束了对不寻常空间的不寻常性质的讨论。

四维世界

1.时间是第四个维度

第四个维度的概念通常被神秘与怀疑所笼罩。我们是长、宽、高三个维度内的生物,怎么有胆量谈论四维空间呢?真的有可能,用我们所有的三维智慧能想象一个四维的超空间吗?一个四维的立方体或者球体是什么样?当我们说"想象"一条长尾巴披鳞带甲、鼻孔里喷火的巨龙,或者一架翅膀上带着游泳池和两个网球场的超级航班时,你实际上正在描绘一幅图画,它正是这种空间突然出现在你眼前时的思维图像。你是以我们熟悉的三维空间作为背景描绘的,包括你自己在内的所有普通的物体都存在于这个空间之内。如果这就是"想象"一词的含义,那我们无法以普通的三维空间为背景想象一个四维物体。这就相当于，我们无法将一个三维物体挤压成一个平面。但是且慢，通过对三维物体作画，我们确实曾经在某种意义上将它们挤压成了平面。然而，在这些情况下，我们当然没有用水压机或者任何其他物理力这样做，而是使用了人们叫作几何"投影"（即制造影子）的方法。只要看一看图24，我们便可以立即明白，这两种将一个物体（例如一匹马）挤压成一个平面的方法的差异何在。

通过类比的方法，我们现在可以说，我们确实无法把一个四维物体"挤压"到一个三维空间之内而不损失许多信息，但可以谈论各种四维物体在我们这个只有三维空间中的"投影"。只不过我们必须记住，正如三维物体的平面投影是二维或者平面的形象一样，四维超物体在我们的普通空间中的投影也会呈现空间形象。

为了更清楚地说明这一点，我们可以先想一下，生活在一个表面上的二维影子生物是如何构建有关三维立方体的想法的。我们可以很容易想象到，我们可以超然地处于二维世界的上方，即处于这个世界的第三

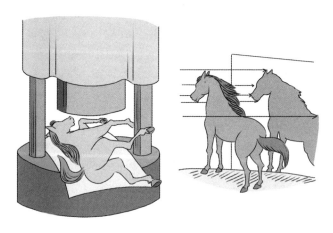

图24　将三维物体"挤压"到二维表面上的错误方法和正确方法

个维度上进行观察。将一个立方体"挤压"到一个平面上的唯一方法，是以图25所示的方法将它"投影"到那个平面上。观察这样一个投影，以及通过旋转原来的立方体所能得到的各种其他投影，我们的二维朋友们至少能够形成一些有关这个神秘物体（即"一个三维立方体"）的一些性质。他们无法"跳出"自己的表面，因此无法像我们一样对它形象化。但仅仅通过观察这些投影，他们也能说出许多情况，例如一个立方体有8个顶点和12条棱。那些可怜的二维影子生物就是这样检查一个普通的立方体在他们的表面上的投影，但现在请看一下图26，你将发现你自己的地位与他们完全一样：这一家人万分惊讶地检查一个奇形怪状的复杂结构，但实际上，它只不过是一个四维超立方体在我们的普通三维空间内的投影而已。[1]

图25　二维平面的生物吃惊地看到一个三维立方体投射到他们的平面上的影子

1　更准确地说，图26给出的是一个四维超正方体在我们三维空间的投影在纸平面上的投影，即一个投影的投影。

图26　来自四维空间的访客！一个四维空间超立方体的正投影

　　仔细检查这个图形，你将很容易地看出它的一些特点，它们与图25中让那些影子生物困惑的特点相同：一个普通的立方体在一个平面上的投影是两个正方形，一个在另一个之内，两个正方形的顶点通过连线相连，而超立方体在普通空间的投影是由两个立方体组成的，其中一个在另一个的内部，顶点之间的连接也类似。通过点数，你可以很容易地看出，一个超立方体共有16个顶点、32条棱和24个面。相当了不起的立方体，对吧？

　　现在让我们看看一个四维空间球体是什么样子。我们最好再次转向更为熟悉的情况，就是一个普通的球体在一个平面上的投影。我们不妨以一个透明的地球仪为例，地球仪上标记着大陆和大洋，被投影到一面白色的墙上（图27）。在这个投影上的东西两半球当然是相互重叠的，而且从这个投影上看，从美国纽约到中国北京的距离特别短。但这只是一个印象。事实上，投影上的每一个点都代表着真正的球体上的两个点，一架从纽约飞往北京的航班在地球仪上的投影将一直向平面投影的边缘移动，然后又一直移动回来。而且，尽管两架不同航班的投影或许会在图像上重叠，但如果它们"实际上"在地球仪的两边，那么它们就不会相撞。

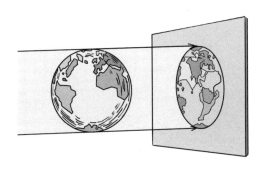

图27　球体的平面投影

这就是一个普通球体的平面投影性质。只要稍微进一步发挥一下我们的想象力，就能很容易地看到一个四维超球体的空间投影是什么样子。一个普通球体在平面上的投影是由两个扁平的圆盘点对点地放在一起形成的，这两个圆盘只沿着外圆周接触。与此相同，我们必定可以把超球体的空间投影想象为两个球体的相互叠加，但它们只在其外表面上接触。我们已经在前一章讨论过一个像这样不寻常的结构，它是对一个封闭球面在封闭三维空间中进行类比的一个例子。因此，我们在这里只要补充一点即可：一个四维球体的三维投影只不过是我们在当时讨论过的孪生苹果，是由两个普通苹果沿着它们的整个果皮一起生长的。

用类似的方式，通过类比，我们可以回答有关四维形象的许多问题；虽然不断地尝试，但永远无法在我们的物理空间内"想象"第四个独立的空间。

尽管如此，如果你再多想一会儿就将发现，为了构建第四个空间，其实根本没有必要进入神秘领域。确实有一个大多数人每天都在使用的词，而且可以用它来标注物理世界中的第四个独立空间。我们在这里说的是"时间"，它一直与空间一起，用来描述那些在我们周围发生的事件。当我们说到在宇宙中发生的任何事情时，无论是与一位朋友在街上的邂逅，还是一颗遥远星辰的爆炸，我们通常都不会仅仅说这件事是在哪里发生的，同时也会说发生的时间。于是，我们就把另一个表示事件发生的"时刻"的事实，与表示事件发生的地点的三个长度事实相提并论。

如果进一步考虑这个问题，你会很容易地认识到，每一个物理对象都有四个维度，即三个空间维度和一个时间维度。于是，你所住的房子将随着时间的流逝，在长度、宽度和高度上发生许多变化，它的新变化不断按照时间登记在案，从它被建造的那天开始，直至最后被火焚毁，或者被某个拆迁公司拆除，或者在许多年之后逐步风化、瓦解。

可以肯定，时间的方向与空间的三个方向都不同。时间间隔是用时钟测量的，它用嘀嗒声表示每一秒，用叮咚声表示每一个小时，而不是像空间间隔那样是用米尺测量。尽管你可以用同一把米尺测量长度、宽度和高度，你却无法把米尺变成一个时钟，用它测量时间区间。而且，虽然你可以在空间内向前、向右或者向上运动，然后回归原地，但你无法在时间维度中倒退。时间总是强行带着你，从过去走向未来。尽管我们承认时间方向和空间的三个方向之间有这么多不同，但还是可以在物理世界中使用时间作为第四个方向，同时需要谨记，它们并非完全等同。

选择时间作为第四维度之后，我们将会发现，把我们在本章开始时讨论的四维形体形象化要容易多了。例如，还记得四维立方体被投影切成的那个奇怪的形象吗？它有16个顶点、32条棱和24个面！面对这样一个几何怪物，图26中的那伙人吃惊得目瞪口呆，这没什么好奇怪的。

然而，根据我们的新观点，一个四维立方体是存在于某个时期的普通立方体。假定你在5月7日用12根金属丝搭成了一个立方体，并在一个月后把它拆了。对于这样一个立方体的每个顶点，我们现在实际上必须

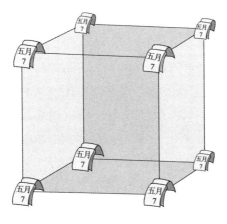

图28

认为，在一个月内，它有一条向着时间方向的延长线。你可以在每一个
顶点上放上一个小日历，每天翻过一页，以此表示时间的进程（图28）。

现在我们很容易数出四维形体有多少条棱了。从它开始存在的那
一刻起，就有了12条空间棱，8条代表每个顶点的持续时间的"时间
棱"[1]，而在它不存在的那一刻，有12条空间棱。总共32条棱。我们也可
以类似地数出16个顶点：5月7日有8个空间顶点，而在6月7日又有同样
的8个空间顶点。作为练习，我们把用同样方法数出四维形体的面这件事
留给读者去做。在这样做的时候我们必须记住，在这些面中，有些是原
来立方体的普通正方形面，而其他的则是我们原有的立方体棱从5月7日
向6月7日延伸而形成的"半空间半时间"面。

当然，我们可以把这里说的有关四维立方体的情况应用于任何其他
几何形体，或者应用于任何物质性物体，无论它有无生命。

1　如果你不明白这一点，可以设想一个有四个顶点和四条边的正方形，我们把这个
正方形沿着垂直于其表面的方向（即向第三个方向）移动了与其边长相等的距离。

尤其是，你可以把自己视为一个四维人物，从你出生到自然生命结束的整个期间，都有一个长橡皮棒沿着时间的方向延长。不幸的是，人们无法在纸上画出四维的东西，因此我们在图29中尝试通过一个二维影子人的例子传递这一想法，这个影子人把与他生活的空间垂直的方向作为时间的方向。图中只表现了这位影子人整个生命途程的一个小断面。他的整个生命应该表现为一个长得多的橡皮棒，它在开始的时候很细，当时这个人还只是个婴儿，然后他摇晃着身子生活了许多年，在死亡的那一刻得到一个不变的形体（因为死人不再运动了），然后开始分解。

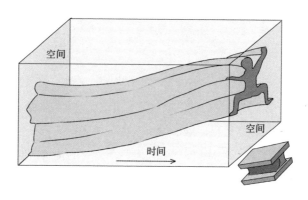

图29 影子人的生命片断

更准确地说，这个第四维的棒是由许多分开的纤维组成的一个纤维束，每一条纤维都是由许多原子组成的。在整个生命过程中，纤维一直是合并在一起的一束，只有少数几条会在理发或者剪指甲时被剪掉。因为原子是不会被摧毁的，所以我们实际上应该将人体在死后的分解视为不同的纤维丝向各个方向的分散，很可能只有组成骨头的那些是例外。

在四维时空几何的语言中，人们称代表每个不同的物质粒子的历史的线为其"世界线"。类似地，我们可以谈论由复合物体的一组世界线组成的"世界线束"。

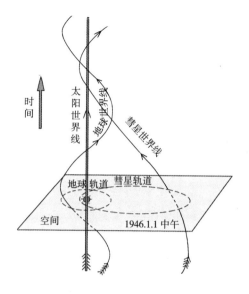

图30　世界线束

　　在图30中，我们给出了一个表示太阳、地球和一颗彗星的世界线的天文学例子[1]。正如前一个影子人的例子，我们使用的是二维空间，即地球的轨道平面，让时间轴与它垂直。在这幅图中，我们用一个平行于时间轴的直线代表太阳的世界线，因为我们将太阳视为不动的[2]。地球是沿着一条接近于圆的轨道运行的，它的世界线是一条围绕着太阳线盘旋的螺旋线，而一颗彗星的世界线开始接近太阳线，然后再次远离。

　　我们看到，按照四维时空几何的观点，宇宙的拓扑学和历史融入了一个和谐的图像，而我们需要考虑的一切，就是代表不同的原子、动物或者星辰运动的相互缠绕的世界线束。

1　准确地说，我们应该在这里说 "世界线束"，但按照天文学的观点，我们可以将恒星和行星看成点。

2　实际上我们的太阳是相对于恒星运动的，因此相对于星系，太阳的世界线应该有些向一边倾斜。

2.时空等价

通过将时间视为与三个空间维度基本等价的第四维度，我们便与一个非常困难的问题狭路相逢了。在测量长度、宽度或者高度时，我们可以使用同一种单位，比如说1英寸，或者1英尺，但时间间隔无法用英尺或者英寸来测量，必须使用完全不同的单位，如分钟或者小时。这些单位之间如何比较？如果面对一个空间尺寸为1英尺乘1英尺乘1英尺的四维立方体，我们应该如何把它扩展到时间中去，让所有四个维度相等？像前一个例子那样，用1秒、1小时或者1个月？1小时比1英尺长还是短？

开始时这个问题听起来毫无意义，但如果多想一下，你就会发现，我们或许可以用一个很有道理的方式来比较长度与时间。时常能听说，从某人住的地方"坐巴士进城不到20分钟"，或者到什么地方"坐火车只要5小时"。在这里，我们通过给出某种交通工具走完这段路所需的时间来衡量距离。

这样一来，如果能够约定某个标准速度，我们就应该能够用长度单位表达时间，反之亦然。当然，很清楚的是，我们选择作为空间与时间之间的基本变换因数的这个标准速度必须既是基本的，同时也具有普遍性，而且永远保持恒定，与人类的行为或者物理环境无关。在物理学中，唯一已知具有这种程度的速度是光在真空中的传播速度。尽管通常人们称这个速度为"光速"，但更准确的描述应该是"物理相互作用的传播速度"，因为后面我们将会看到，物体之间任何类型的力，无论是电吸引力或者是引力，都在真空中以这个同样的速度传播。而且，我们还将看到，光速是任何可能的物质速度的上限，没有任何物体可以在空间内以超过光速的速度运行。

　　测量光速的第一次尝试是由意大利著名科学家伽利略（Galileo Galilei）于17世纪进行的。在一个暗夜里，伽利略和他的助手走进佛罗伦萨附近的开阔地带，他们随身携带了两盏带有机械快门的提灯。这两位先生走到相距几英里的地方，在某个时刻，伽利略打开他的提灯，向助手所在的方向发出一束光（图31a）。后者事先得到了指示，他一见到来自伽利略的光信号便立即打开自己的提灯。光要过一段时间才能从伽利略所在的地方走到助手那里再返回，因此伽利略认为，在他打开提灯和看到来自助手的提灯光之间，必定有一个时间间隔。他们确实注意到了一个很小的时间间隔。紧接着伽利略让他的助手去一个两倍远的地方

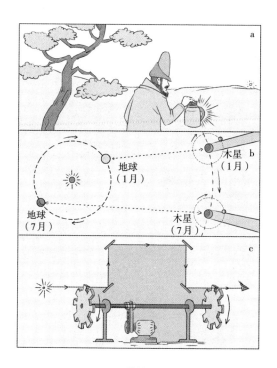

图31

重复实验，却没有观察到时间间隔有所延长。显然，光速如此之快，几英里的距离转瞬即至。他们之所以能观察到时间间隔，主要是因为助手无法在看到光的瞬间打开提灯。我们现在称之为反射延迟。

　　伽利略的这个实验没有得到任何正面的结果，但他有其他贡献，发现木星的卫星是其中之一，这为光速的真正测量建立了基础。1675年，丹麦天文学家罗默（Romer）观察到了木星卫星的月食，并注意到，这些卫星在行星投射的阴影遮蔽下消失的时间间隔并不一样，其长短似乎取决于月食时木星与地球之间的距离。罗默立刻意识到（你在检查了图31b后也会意识到），这种现象完全不是木星的卫星运动不规则造成的，只不过是由于木星和地球之间的距离在变化，因此发生的时刻距我们观察到的时刻有所延迟。我们可以根据他的观察发现，光速大约为185,000英里每秒。使用他的装置，伽利略当然无法测量光速了，因为从他的提灯里发出的光只需要十万分之几秒就能到达他助手那里并返回！

　　伽利略未能靠他简陋的快门提灯测量光速，但人们后来用更精密的物理仪器完成了这一工作。我们可以在图31c中看到法国物理学家菲佐（Fizeau）使用的装置。依靠这套装置，他在相对短的距离中测量了光速。他的装置主要由置于公共轴上的两套齿轮盘组成。菲佐精心安排了它们的位置，观察这两个相互平行的齿轮盘时，你能看到第一个盘的齿轮遮住了第二个盘的齿轮之间的空缺。这样一来，无论轴转到哪个位置上，平行于轴的狭窄光束都无法通过两个齿轮盘。现在让这两个齿轮盘的体系高速旋转。因为光从第一个盘上的两个齿轮之间到达第二个盘必须有一段时间，如果齿轮盘系统刚好在这段时间内转了齿轮间距的一半，光束便可以通过了。这与汽车以恰当的速度行进在带有同步交通灯系统的街上的情况非常相似。如果盘的旋转速度增加一倍，当光束到达第二个盘时，齿轮又会处于阻挡位置，便挡住了光束。但如果进一步提高系统的转速，光束将再次得以通过，因为齿轮将让出光路，光束刚好可以通过下一个缺口。就这样，只要注意到对应于光束连续出现与消失的系统的转速，我们就可以估算光在两个盘之间运行的速度了。为了有助于实验，并减少必需的系统转速，我们可以强迫光在两个盘之间走过更长的距离，这可以用图31c中所示的镜子来完成。在这一实验中，菲佐发现，当装置以每秒1000转的转速旋转时，他第一次观察到光通过了缺口。这证明，在这一速度下，在光束通过两个齿轮盘之间的这段时间内，齿轮盘走过了两个齿轮间一半的距离。每个齿轮盘上有50个尺寸完全一样的齿轮，所以这一段距离显然就是盘周长的1/100，而光运行的时间也就等于齿轮盘运行一周所需时间的1/100。考虑到两个齿轮盘之间的距离，菲佐得到的光束是每秒300,000千米，即186,000英里，这与罗默观察木星的卫星得到的结果几乎是一样的。

在这两位先驱者后，人们分别用天文学和物理学的方法进行了大量独立的测量。当前对真空中光速的最佳估算值（通常以"c"标志）为c=299,776千米/秒或186,300英里/秒[1]。

天文学距离极其庞大，如果以英里或者千米作为测量单位，其数值会写成好几页纸。光速的数值也相当庞大，于是它便成了一个很方便的标准，可以用它作为天文学中的距离单位。天文学家可以说某颗恒星在5"光年"以外，就好像我们说去某地要坐5小时火车一样。一年有31,558,000秒，所以1光年就是31 558 000×299 776=9 460 000 000 000千米，即5,879,000,000,000英里。通过使用"光年"这个术语，我们实际上承认了时间作为一个维度的地位，而且把时间单位作为空间的一种度量。我们也可以逆转这一过程，定义一个"光英里"，意思是光走过一英里的距离所需要的时间。使用上述光速数值，我们可以算出，1光英里等

1　当前定义的光速准确值为299,792,458米每秒。——译者注

于0.000 005 4秒。与此类似，1"光英尺"是0.000 000 001 1秒。这便回答了我们在前一部分中讨论的有关四维立方体的问题。如果这个立方体的空间维度是1英尺×1英尺×1英尺，则它的时间间隔必定是大约0.000 000 001秒。如果空间立方英尺在整整一个月内存在，我们一定可以认为，这个四维棒沿着时间轴的长度远远超过了其他三个空间维度。

3.四维距离

在解决了有关空间轴和时间轴上的单位的兼容性之后，我们现在可以提问：在四维时空世界中，两点之间的距离应该是什么。我们必须记住，在这种情况下，每一个点都对应我们通常说的一个"事件"，它是位置与时间数据的统一体。为了澄清这个问题，我们以如下两个事件为例：

事件1：一家位于纽约市第五大道与第五十街交叉点一楼的银行于1945年7月28日上午9时21分被抢劫。[1]

事件2：一架在大雾中迷航的军用飞机于同日上午9时36分坠毁于位于纽约市第五、六大道与第三十四街之间的帝国大厦第七十九层楼的墙上（图32）。

这两个事件在空间内相隔16个南北向街区，半条东西向街区和78层楼，时间相差15分钟。很明显，为了描述这两个事件之间的空间距离，

1　本节纯属虚构，如有雷同，纯属巧合。

我们没有必要注意它们各自的街区数和楼层数，因为我们可以利用众所周知的毕达哥拉斯定理，将它们合并为一个单一的直线距离。根据这个定理，空间两点间的距离是不同的坐标距离的平方和的平方根（图32，右下角）。为了运用毕达哥拉斯定理，我们必须首先用可以比较的单位表达所有有关的长度，如英尺。如果南北向街区每个长200英尺，东西向街区每个长800英尺，而且帝国大厦每层的平均高度为12英尺，则三个坐标距离分别为南北向的3200英尺，东西向的400英尺和垂直向的936英尺。使用毕达哥拉斯定理，我们现在得到两个位置之间的直线距离为：

图32　假设飞机撞大厦的空间图像

$$\sqrt{3200^2+400^2+936^2}=\sqrt{11\,280\,000}=3360\ 英尺。$$

如果作为第四坐标的时间概念有任何实际意义，我们现在应该能够将3360英尺这个空间间隔的数字与表述两个事件之间的时间间隔15分钟结合，从而得到描述这两个事件之间的四维距离特征的单一数字。

根据爱因斯坦最初的想法，这样一个四维距离实际上可以通过对毕达哥拉斯定理做一个简单的推广确定，并让它在事件之间的物理学关系方面扮演一个比单个的空间距离和时间间隔更基本的角色。

如果要结合空间和时间的数据，我们当然要用互相兼容的单位表达，就像用英尺来表达街区长度和楼层高度一样。正如我们刚刚看到的那样，这一点可以很容易通过使用光速作为转换因素完成，于是15分钟的时间间隔便是8000亿"光英尺"。通过对毕达哥拉斯定理的简单推广，我们现在应该倾向于把四维距离定义为所有四个坐标，也就是三个空间距离和一个时间间隔的平方和的平方根。但是，在这样做的时候，我们应该彻底忘却空间与时间之间的任何区别，也就意味着承认可以把空间维度转换成时间维度，反之亦然。

然而，谁也没有办法用一块布盖住一把米尺，晃一下魔杖，用点魔咒，诸如"时间来，时间去，变"，就把它变成一个亮晶晶的新闹钟。就算伟大的爱因斯坦也没这个本事（图33）。

所以，如果我们要以毕达哥拉斯定理为媒介，用空间标定时间，就必须用某种非传统的方法，让它同时也保留一些自然的差别。

爱因斯坦认为，可以用建立一个经过推广的毕达哥拉斯定理的数学构想的方式，强调空间距离与时间间隔之间的差别，即在时间坐标的平方前面加上负号。这样我们就可以把两个事件之间的四维距离确定为三个空间坐标的平方和减去时间坐标的平方所得结果的平方根，而时间坐标值当然必须首先转化为空间单位。

图33　爱因斯坦教授永远也无法做到这一点，但他做到的事情比这强得多

于是，在银行劫案与飞机坠毁之间的四维距离可以用下式计算：

$$\sqrt{3200^2 + 400^2 + 936^2 - 800\,000\,000\,000^2}\,。$$

我们在这里选用的三个空间坐标来自"普通生活"，与它们的平方数值相比，第四项的数值特别大，但按照普通生活的标准，时间的有理单位确实非常小。如果我们考虑的不是发生在纽约市范围内的两个事件，而是从宇宙中选取一个例子，就可以得到相互之间更接近的数字。比如第一个事件是1946年7月1日上午9时整在比基尼岛（Bikini Island）[1]上的一次原子弹爆炸，第二个时间是同日上午9时10分，一颗陨石在火星表面上坠落，这时我们就会有5400亿光英尺，而空间距离为大约6500亿英尺。

在这种情况下，这两个事件之间的四维距离将是

$$\sqrt{\left(65\times10^{10}\right)^2 - \left(54\times10^{10}\right)^2}\ \text{英尺} = 36\times10^{10}\text{英尺}，$$

这是一个与纯空间距离和纯时间间隔都相当不同的数字。

当然，我们或许有足够的理由反对这样一个看上去十分不合理的几

1　比基尼岛，世界上第一个核试验岛，位于西太平洋。——译者注

何学，因为对其中一个坐标的处理与对其他三个不同，但我们必须记住，人们发明的任何描述物理世界的数学系统都必须塑造为符合实际的形式，如果空间与时间确实在四维统一体中有不同的表现，四维几何的定律就必须随之做出调整。而且，只要做一个简单的数学调整，就可以让爱因斯坦的时空几何看上去和我们在学校里学习的古老且优秀的欧几里得几何一模一样。这一数学调整是德国数学家闵可夫斯基（Hermann Minkowski）提出的，其中包括将第四坐标视为一个纯虚数。你或许还记得本书第2章的内容，我们可以对一个普通数值乘以 $\sqrt{-1}$，把它变为一个虚数，而这样的虚数可以非常方便地解决各种几何问题。所以，闵可夫斯基认为，为了可以把时间视为第四个坐标，我们不但必须用空间单位来表示它，而且也应该乘以 $\sqrt{-1}$。这样，我们的例子中的四个坐标长度就是：

第一坐标：3200英尺，

第二坐标：400英尺，

第三坐标：936英尺，

第四坐标：$8 \times 10^{11}i$光英尺。

我们现在可以将四维长度定义为所有四个坐标长度的平方和的平方根了。事实上，因为一个虚数的平方总是负数，所以，在数学上，以闵可夫斯基坐标表达的正常的毕达哥拉斯定理，等价于以爱因斯坦的坐标表达的看上去不合理的毕达哥拉斯定理。

在一个关于某个患有风湿病老人的故事中，他问一个健康的朋友靠什么才不会得这种病。

"我每天早上都洗冷水浴。"这就是答案。

"哦！"老人喊道，"原来你得的病不同，是洗冷水浴病。"

好吧，如果不喜欢看上去有风湿病的毕达哥拉斯定理，你可以转而去洗虚数时间坐标的冷水浴。

在时空世界中的第四坐标具有虚数性质，这让我们必须考虑由两种不同类型的物理量合成的四维距离。

实际上，在上述讨论的这类纽约事件的情况下，事件之间的三维距离的数量小于时间间隔（合适的单位），在根号内的毕达哥拉斯定理的符号是负的，于是我们便得到了一个虚数的总四维间距。然而，在某些其他例子中，时间间隔比空间距离小，于是我们在根号内得到一个正数。这当然意味着，在这种情况下，两个事件之间的四维间距是实数。

如上讨论，将空间距离视为实数，而将时间间隔视为纯虚数，我们或许可以说，实数的四维间距与普通空间距离更密切相关，而虚数的四维间距则更多地与时间间隔相关。根据闵可夫斯基的命名法，可以称第一类四维间距为偏空间间距，而称第二类为偏时间间距。

我们将在下一章看到，偏空间间距可以转化成为一个正规的空间距离，而偏时间间距可以转化成一个正规的时间间隔。然而，它们中的一类由实数代表，而另一类则由虚数代表，这一事实形成了一道不可逾越的障碍，让任何使它们相互转换的企图都化为泡影，我们无法将一把米尺转化为一座时钟，或者把一座时钟转化为一把米尺。

5 空间与时间的相对性

1.将空间转化为时间及其逆向转化

在单一的四维世界中，证明空间与时间统一的数学尝试没有抹杀距离和时间间隔之间的不同，尽管如此，它们显然揭示了这两个概念之间的许多类似之处，这一点远比爱因斯坦之前的物理学要清楚得多。事实上，人们现在必须将不同事件之间的空间距离和时间间隔视为只不过是基本的四维间距在空间轴和时间轴上的投影，因此，四维坐标系的旋转可能会造成距离向时间间隔的部分转化，反之亦然。但我们在说到四维时空坐标系的旋转时指的是什么呢？

首先，让我们考虑图34a中由两个空间坐标组成的坐标系，并假定存在着距离为L的两个固定点。将这个距离向坐标轴上投影，结果我们发现，这两个点在第一条轴的方向上的间隔为a英尺，而在第二条轴的方向上的间隔为b英尺。如果将坐标系旋转某个角度（图34b），同样的距离在两个新轴上的投影与过去的投影不同，结果分别得到了新的值a′和b′。然而，根据毕达哥拉斯定理，在这两种情况下出现的每对投影的平方和是一样的，因为它们都对应于两点之间的实际距离，它不会因为轴的转动而有所改变。因此，

$$\sqrt{a^2+b^2}=\sqrt{a'^2+b'^2}=L。$$

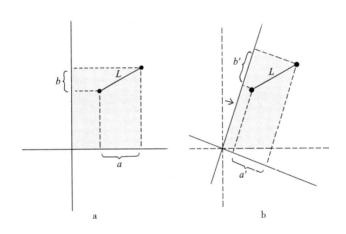

图34

我们说，平方和的平方根相对于坐标轴的旋转是不变的，而投影的特定值是次要的，取决于坐标系的选择。

现在让我们考虑一种坐标系，其中一根轴对应着一段距离，而另一根轴对应着一个时间间隔。在这种情况下，前面例子中的那两个固定点变成了两个固定事件，它在两条轴上的投影则分别代表着它们在空间的距离和时间间隔。将这两个事件分别作为前一章中讨论的银行劫案和飞

机坠毁，我们便可以画出一幅图（图35a），它与代表两个空间坐标的图（图34a）非常相似。为了转动这个坐标系，我们必须做什么？回答非常出人意料，甚至令人困惑：想要转动空间−时间坐标系，请上公共汽车。

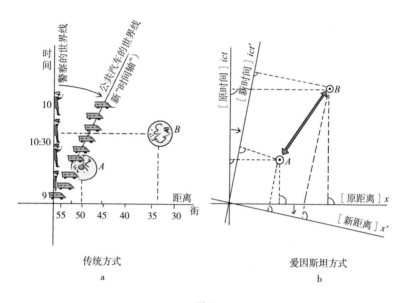

传统方式　　　　　　　　　　　　爱因斯坦方式
　　a　　　　　　　　　　　　　　　　b

图35

　　假定在7月28日那个命中注定的早晨，我们真的走上了一辆开上第五大道的公共汽车上层。根据以自我为中心的观点，在这种情况下，我们最感兴趣的是这个问题：公共汽车距离银行劫案与飞机坠毁地点有多远？哪怕仅仅是因为这两个距离决定了我们是否能够看到这两个事件。

　　图35a绘出了公共汽车的世界线的连续位置和劫案与坠毁这两个事件。只要看看这张图，你立刻就会注意到，这两个距离与一位站在自己街角岗亭里的交警记录的距离是不同的。因为公共汽车是沿着大道运行的，我们不妨说，它的速度是每三分钟经过一个街区（这对繁忙的纽约

交通来说并非很不寻常），这时从公共汽车上看，这两个事件之间的空间距离变短了。事实上，公共汽车在上午9时21分恰好穿过第五十二街，刚好距离劫案发生地两个街区。而飞机在9时36分坠毁时，公共汽车在第四十七街，距离坠机现场14个街区。于是，测量相对于公共汽车的距离，我们应该得到这样一个结论：劫案与坠机之间的距离是14-2=12个街区，而不是相对于城市建筑物测得的距离50-34=16个街区。再看看图35a，我们发现，从公共汽车开始记录的距离一定不能像以前那样从纵轴（即警察的世界线）算起，而是要从代表公共汽车的斜线算起，这样一来，后面的这条线现在起到了新的时间轴的作用。

下面是对刚刚讨论过的这些"平凡小事"的一个总结：要想画出从一个运动的交通工具上观察到的事件的时空图像，我们必须将时间轴转动某个角度（其大小取决于这个交通工具的速度），而保持空间轴不变。

尽管经典物理和所谓"常识"都承认这样的一个总结是天经地义的，但它却与我们关于四维时空世界的新观点直接对立。事实上，如果将时间视为独立的第四个坐标，则时间轴必须总是保持与三个空间轴垂直，无论我们是坐在一辆公共汽车上、电车上，还是在人行道上！

有关这一点，我们可以按照两种思路中的任何一种考虑。或者我们不得不保留有关空间与时间的传统想法，放弃对统一的时空几何作任何进一步考虑，或者我们必须打破由"常识"统治的旧有理念，假定在我们的时空图像中，空间轴必须与时间轴一起转动，从而让两者永远保持垂直（图35b）。

但是，从物理学上说，如果从一个运动的交通工具上观察，时间轴的转动会让两个事件的空间距离出现不同的数值（在前一个例子中分别为12与16个街区），而转动空间轴也会以同样的方式，让人们从运动的交通工具上观察到，两个事件的时间间隔与在固定位置上的观察有所不同。因此，如果根据市府大钟记录的银行劫案与飞机坠毁的时间间隔为15分钟，则根据一位公共汽车乘客的手表记录的时间间隔会有所不同，但这并不是因为这两个计时器出于机械问题而走时速率不一样，而是因为在以不同的速度运行的交通工具上，时间本身的流速不同，这就让钟表的机械装置做出了不同的回应，所以公共汽车上乘客的手表指示了较慢的时间流速。但公共汽车的速度实在太慢，由此产生的时间延迟效应完全观察不到。本章稍后将更为详细地讨论这一现象。

另一个例子，让我们观察一个正在一辆运动中的火车餐车上的用餐者。从餐车侍者的位置看，他在同一个地点（靠窗的第三张桌子）吃开胃菜和餐后甜点。但在火车线路旁边，有两个固定不动的扳道工也透过车窗看到了他在吃饭。前一个刚好看到他在吃开胃菜，后一个刚好看到他在吃餐后甜点，按照他们的观点，这两个事件的发生地点相距好几英里。我们可能会这样说：在某个观察者的眼里有两个发生在同一地点、不同时刻的事件，但对其他处于另一种或多种不同运动状态下的观察者来说，它们却发生在不同的地点。

根据理想中的时空等价观点，将上述句子中的"地点"与"时刻"互换，现在要说的是：在某个观察者的眼里有两个发生在同一时刻、不同地点的事件，但对其他处于另一种运动状态下的观察者来说，它们却发生在不同的时刻。

将这种说法运用到餐车的例子中，我们会预料到，那位侍者会发誓做证，声称在餐车两端用餐的两位乘客完全在同一时刻点燃了餐后香烟，而铁路边站立不动、当火车通过时透过车窗观看的扳道工则会坚持认为，这两位绅士的动作有先后之别。

所以，在一位观察者眼睛里同时发生的两个事件，另一位观察者则看到它们发生在不同的时刻。

四维几何认为，空间和时间只是一个不变的四维间距在对应轴上的投影。以上这些陈述都是四维几何不可避免的推论。

2.以太风和天狼星之旅

现在让我们问问自己：我们渴望使用四维几何的语言，单凭这一条，就要在有关空间和时间的令人满意的旧理念中引入具有革命性的变革，这样做值不值得呢？

如果值得，那么我们就是在向经典物理学的整个体系发起挑战，这一体系的基础是伟大的牛顿（Isaac Newton）[1]在250年前创建的关于空间与时间的定义："绝对空间——本质上不与任何外部事物相关，永远保持原样，没有运动"以及"绝对的、真实的、数学的时间，它本身及其本质都与任何外部事物无关，一直以匀速流动"。在写下这几行字的时候，牛顿当然不认为他是在陈述新事物，也不觉得它们会引起任何争议；他只不过是以准确的语言构建空间和时间的概念，对任何有常识的人来说，它们都是明显的事实。事实上，人们对这些有关空间和时间的经典理念的正确性具有绝对的信心，以至于它们经常被哲学家作为不言自明的先验，也没有任何科学家（更不要说外行了）曾经考虑过它们可能是错误的，因此需要重新审视、重新阐明。那么我们现在为什么应该重新考虑这个问题呢？

答案是：抛弃空间与时间的经典理念，并把它们在一个单一的四维

1　牛顿（1643—1727），英国物理学家、数学家、天文学家，经典力学的奠基人。——译者注

框架中统一，这并非出于爱因斯坦纯粹的美学愿望，也不是出于他的数学天分永无休止的躁动，而是源于实验研究中反复出现的顽固事实，它们根本无法在独立的空间与时间这样经典的框架内予以解释。

对这个看上去永恒不变的经典物理学的精致城堡的第一次冲击便震撼了它的根基，实际上动摇了这个精致建筑物的每一块石料，让它的墙壁摇撼不已，就像耶利哥（Jericho）古城的城墙面对约书亚的羊角那样崩溃殆尽。[1] 这次冲击是1887年由一位美国物理学家迈克耳孙（Albert Abraham Michelson）[2] 所做的一次看上去并不张扬的实验造成的。当时人们认为光是一种波动，光波是在一种叫作"以太"的介质中传播的。以太是一种想象中的物质，均匀地弥漫于整个星际空间和所有物质体的一切原子之间。迈克耳孙实验的想法非常简单，就建立在光波在以太中传播这一物理图像的基础上。

丢一块石头到池塘里，水波将向四面八方波动涟漪。类似地，来自任何发光物体的光也形成了光波的涟漪，如同音叉振动产生的声波。水面的波纹清楚地表示了水粒子的运动，人们也知道，声音是声波在空气中或其他物质中传播产生的振动，我们却无法找到任何携带光波的物质媒介。实际上，与声音相比，光如此轻而易举地穿透了空间，简直令人觉得那里空无一物！

然而，认为存在着某种振动，却没有振动的物质，这种想法实在太不合逻辑，物理学家们只好引入一个新概念，即"光介质以太"，这便为"振动"这个动词提供了一个物质的主语，用以解释光的传播。根据

---

1 据《圣经》记载，埃及犹太人领袖摩西的继承人约书亚率领大军挺进应许之地，受阻于迦南古城耶利哥。约书亚命大军绕城行军，吹响羊角，七日后城墙坍塌，耶利哥城破。——译者注
2 迈克耳孙（1852—1931），波兰裔美国物理学家，1907年诺贝尔物理学奖得主。——译者注

纯粹的语法要求，任何动词都必须有一个主语，因此人们不可能否定"光介质以太"的存在。但是——而且这个"但是"非常大——语法规则没有，也不可能事先告诉我们，为了正确地构建一个句子，必须引入的这些名词有什么样的物理性质！

如果我们认为光是由通过光以太传播的波组成的，从而将"光以太"定义为光在其中振动与传播的东西，虽然是在说一个天经地义的真理，但也不过是全无用处的绕口令。要弄清楚这个光以太到底是什么，它有什么物理性质，这就是一个完全不同的问题了。这里可没有什么语法（连希腊语的语法也没有！）能够帮助我们，答案只能通过物理科学寻找。

我们将在随之而来的讨论过程中看到，19世纪物理学最大的错误就是，假定光以太具有与我们熟悉的普通物质性物体非常类似的性质。人们曾经大谈光以太的流动性、刚性、各种弹性甚至其内部摩擦力。例如，光以太一方面是能够承载光波的振动固体[1]，但在另一方面也体现了完美的流动性，而且对天体的运动没有任何阻力，因此人们把它比作封蜡这类物质，以此解释这两方面的性质。人们知道，封蜡这类物质硬度高，在遭遇迅速作用的机械冲击力时易碎，但如果长时间静置，它们又会在自己的重力作用下变得如同蜂蜜。按照这一类比，旧物理学假定，对于和光传播有关的迅速振动，充斥于星际空间的光以太如同坚硬的固体，但当速度比光速慢很多的行星和恒星穿过它们时，以太则像一种典型的液体。

不妨说，这是一种拟人的观点。人们试图用它来把一种除了名字之外完全未知的物质归于一种我们知道的普通物质，这种做法从开始就惨

1　人们证明，光波的振动相对于光的传播方向是横向的。在普通物质中，这样的横向振动只能发生在固体中，在液体和气体物质中，振动的粒子只能沿着光行进的方向振动。

遭失败。而且，尽管人们做出了许多努力，但没有发现任何能够合理说明这种神秘的光波介质性质的解释。

根据当前拥有的知识，我们可以很容易地看出所有这些尝试的失败原因。事实上，我们知道普通物质的一切机械性质都可以追溯到构建这些物质的原子之间的相互作用上面。例如，水的高度流动性是由于水分子之间的摩擦比较小，所以它们可以轻松地滑动；橡胶的弹性是因为橡胶分子很容易变形；金刚石的硬度则是因为组成金刚石晶体的原子紧密结合，形成了刚性强的晶格。因此，各种物质的一切普通的力学性质都是它们的分子结构的结果。人们理所当然地把这一规则运用到光以太的身上，但对于这种人们认为是绝对连续的物质，这种规则却根本解释不了任何问题。

光以太是一种独特的物质，它与我们熟悉的各种通常被称作物体的原子镶嵌结构毫无相似之处。我们可以称光以太为一种"物质"（即使它只起着一种充当动词"振动"的主语的作用），也可以称之为"空间"。一定要牢记的是，如同我们已经见到而且将继续见到的那样，空间或许会带有某种形态或者结构特征，这些特征让它变成了一种远比欧几里得几何的概念更为复杂的东西。事实上，在现代物理学中，人们将"光以太"（除去据说它带有的机械性质）和"物理空间"这两种表达视为同义词。

我们现在离题太远，已经过分深入地偏到了"光以太"的认知论或者哲学分析中去了。现在必须重新回到迈克耳孙实验的主题上来。如前所述，这个实验的想法相当简单。如果光是以通过以太的波动形式存在的，那么放置在地球表面的仪器测得的光速必定受到了以太在空间运动的影响。我们站在地球上，地球沿着自己的轨道围绕太阳旋转，我们应该体验到一种"以太风"，应该像一个站在高速前进的轮船甲板上的人一样，尽管天空没有一丝风在流动，却能感到有风吹在脸上。我们当然无法感知这种"以太风"，因为它应该能够毫无困难地穿透构成我们身体的原子之间的缝隙，但我们可以测量与我们的运动方向不同的光速，应该能够以此检测它的存在。人人都明白，同样的音速，顺风的时候大于逆风的时候，因此，光在顺着以太风和逆着以太风传播的时候也应该如此。

意识到这一点之后，迈克耳孙教授便着手制作了一套装置，它能够测量不同传播方向的光的速度差别。当然，完成这一实验的最简单的装置是使用我们描述过的菲佐的设备（图31c），并把仪器置于不同的方向进行一系列实验。但这种方法并不太合理，因为这要求每次搬动仪器后保持高度的准确性。确实，考虑到我们预期差异非常小（等于地球的运行速度），大约只有光速的万分之一，所以每次实验都必须有极高的精度。

两根长度差不多相等的长棒，你想知道二者之间确切的差，你将发现，最容易的方法是把它们的一端放在一起，然后测量另一端的差别。这种方法叫"零点法"。

迈克耳孙的仪器示意图（图36），它正是利用零点法比较光在两个垂直方向的速度的。

这套装置的中心部分是一块玻璃板B，上面镀有一层半透明的银层，它可以反射大约50%的入射光，并让另外50%通过。于是，来自光源A的一束光便被分为相互垂直的相等两部分。这两束光被置于与B等距离的两面镜子C与D反射。从D反射的光束有一部分透过银层，将与来自C反射并被B再次反射的那部分光会合。于是，这两束在仪器入口各自分开的光将重新会合并进入观察者的眼睛。根据一条众所周知的光学定律，这两束光将发生干涉，形成肉眼可见的明暗条纹[1]。如果距离BD与BC相

1　亦可参阅143—144页。

等，则两束光同时回到中心玻璃板B，这时亮条纹位于图像的中心。如
果距离略有改变，则一束光迟于另一束光，这时条纹将会向右或者向左
偏移。

由于仪器放在地球表面而且地球在空间迅速运动，我们一定会预
期，以太风吹动的速度等于地球运动的速度。例如，假定这股风吹动的
方向是从C到B（图36），我们可以提出这样一个问题：这会对朝相聚地
点飞来的两束光的速度造成多大的差别？

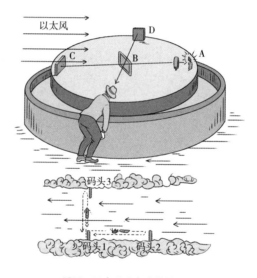

图36 迈克耳孙实验的原理图

请记住，其中一束光开始逆风而行，然后在返回时顺风而行，那么
另一束光则来回都横穿以太风。哪束光会先到？

考虑一条河和一艘从码头1逆行去码头2然后顺流回码头1的摩托艇。
水流在行程的前半段妨碍船行，但在后半段加速船行。你或许倾向于认
为，这两种效应将相互抵消。但情况并非如此。为了理解这一点，想象

这条船的速度与水流速度相等。在这种情况下，摩托艇永远无法到达码头2！不难看出，在任何情况下，水流的存在将延长往返航行的时间，即有水流存在的航行时间除以在静水中航行时间等于

$$\frac{1}{1-\left(\dfrac{v}{V}\right)^2}。$$

此处 v 是船速，V 是水流的速度[1]。例如，如果船速为水流速度的10倍，则往返时间为静水中的 $\dfrac{1}{1-\left(\dfrac{1}{10}\right)^2}=\dfrac{1}{1-0.01}=\dfrac{1}{0.99}=1.01$ 倍。也就是说，要比在静水中航行多用1%的时间。

　　我们可以用类似的方式算出往返横渡河流的延迟。这次之所以有延迟，是因为当船要从码头1抵达码头3，它的航线必须略微偏离，才能补偿水流造成的漂移。在这种情况下的延迟因子较小，数值为

$$\sqrt{\frac{1}{1-\left(\dfrac{v}{V}\right)^2}}，$$

也就是说，只比在静水中航行的时间多用了0.5%。这个公式的证明非常简单，我们把它留给求知欲强的读者来做。现在，我们把河流换成以太流，把摩托艇换成穿过以太传播的光波，而把码头换成D、C两面镜子，

1　实际上可以设两个码头之间的距离为 l，并记住下行船速为 $V+v$，上行船速为 $V-v$，则我们可以得出往返总时间为

$$t=\frac{1}{V-v}+\frac{1}{V+v}=\frac{2Vl}{(V-v)(V+v)}=\frac{2Vl}{V^2-v^2}$$
$$=\frac{2l}{V}\cdot\frac{V^2}{V^2-v^2}=\frac{2l}{V}\cdot\frac{1}{1-\dfrac{v^2}{V^2}}。$$

这样你就得到了迈克耳孙实验的计划。从B出发到C并且返回B的光束所需时间与光束在静止以太中走过同样距离的时间相除的比率是

$$\frac{1}{1-\left(\dfrac{V}{c}\right)^2},$$

其中 c 为光在静止的以太中传播的速度，V 为以太风的速度。而光从B到D并返回的光的同样比率为

$$\sqrt{\frac{1}{1-\left(\dfrac{V}{c}\right)^2}}。$$

以太风的速度等于地球公转的速度，为每秒30千米，而光速为 3×10^5 千米/秒，于是这两束光必定分别被延迟了0.01%和0.005%。因此，通过迈克耳孙的实验装置，观察顺以太风传播与逆以太风传播的两束光的速度差别应该很简单。

结果，在实施这个实验时，迈克耳孙未能观察到干涉条纹的任何位移，哪怕最小的位移也没有。你当然想象得到，他当时有多么吃惊。

以太风显然对光速没有影响，无论光沿着风还是横穿过风传播。

这一事实如此令人震惊，就连迈克耳孙本人一开始也无法相信，但在仔细地重复了实验之后，无论何等震惊，他也只能承认，他第一次得到的实验结果准确无误。

对于这个出人意料的结果似乎只有一个可能的解释，就是把希望寄托在一个大胆的假设上，即迈克耳孙放镜子的那个大石桌在沿地球在空

间运动的方向略微有些收缩，这就是所谓的洛伦兹收缩[1]。实际上，如果BC的长度产生了因子的收缩为

$$\sqrt{1-\frac{V^2}{c^2}}$$

而BD的长度未变，则两束光的延迟将会相等，因此也不会观察到干涉条纹的任何位移。

但是，提出迈克耳孙的石头桌子有可能收缩的观点容易，理解这个现象就不容易了。我们确实预料到，穿过阻碍运动的媒介运动物体会有某种收缩。例如一艘在湖面行驶的摩托艇会受到螺旋桨对船尾的驱动力和水在船头的阻力的挤压而收缩。但这类机械收缩的程度取决于造船材料的强度。一艘钢船的收缩程度要小于一艘木船。与迈克耳孙实验的负结果有关的收缩变化只取决于运动速度，而完全与有关物质的强度无关。如果这个放镜子的桌子不是用石头做的，而是用铸铁、木头或者任何其他材料做的，收缩量都会完全相同。因此很清楚的是，我们在这里面对的是一种普遍效应，它让一切运动物体以完全相同的程度收缩。或者，按照爱因斯坦教授于1904年对这一现象的描述，我们在这里面对的是空间本身的收缩，一切以同样速度运动的物体都以同种方式收缩，只不过因为它们全都镶嵌在同一个收缩的空间之内。

我们已经在最后两章中阐述了不少空间的性质，足以让以上说法听上去合情合理。为了让情况更为清楚，我们可以在想象中让空间具有弹性果冻的某些性质，可以在其中找到不同物体的边界痕迹。当空间因为受到挤压、拉伸或者扭曲而变形时，镶嵌在其中的一切物体都会以同样的方式自动改变形状。这些因为空间形变引起的物体形变一定可以与因

1　以第一次引入这个理念的物理学家命名，人们把这种收缩视为运动引起的纯机械效应。

为各种外力引起的形变相区别，因为外力会在变形的物体内部造成压力与拉伸。图37代表一种二维情况，对其做一番检查很可能会有助于解释这一重要不同。

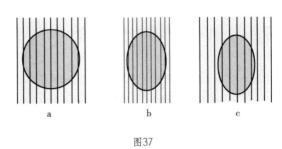

图37

然而，尽管空间收缩效应在理解物理学的基本原理方面具有根本的重要性，但它在日常生活中基本上不会受到注意，因为在日常经历中，影响我们的最高速度与光速相比仍然微乎其微。例如，一辆以每小时50英里的速度行驶的汽车，它的长度的减小因子为

$$\sqrt{1-\left(10^{-7}\right)^{2}}=0.999\ 999\ 999\ 999\ 99,$$

对应于整辆车的长度减少只有一个原子核的直径那么长！一架喷气式飞机以每小时600英里以上的速度飞行，它的长度只减小了一个原子的直径那么长，而一架100米长的星际火箭以每小时25,000英里的速度疾驰飞行，它的长度减小只有百分之一毫米。

然而，如果我们能够想象以光速的50%、90%和99%运行的物体，它们的长度将被分别减小到它们在地面上的静止长度的86%、45%和14%。

某位作者写下了一首打油诗，称颂一切高速运动的物体的这种相对论收缩：

有一位小伙叫费斯克，

他的剑术敏捷、奇特。

动作如飞真迅速，

触发洛伦兹大收缩，

细剑变成圆盘壳。

这位费斯克先生的击剑动作必定如同闪电般迅速！

按照四维几何的观点，人们可以简单地解释他们观察到的一切运动物体的普遍收缩现象，认为是因为空间-时间坐标系的旋转，使它们不变的四维长度在空间上的投影发生了变化。事实上，你一定还记得我们在前一节中的讨论，其中说到，一定要把运动系统内的观察描述为空间轴和时间轴同时以某个角度旋转，而这个角度取决于速度。这样一来，如果在静止系统内有一个百分之百投影在空间轴上的四维间距（图38a），它在新时间轴（图38b）上的空间投影将总是会变短的。

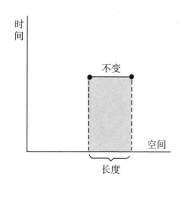
a

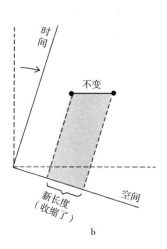
b

图38

必须记住的一个要点是，我们预期的长度收缩完全取决于两个系统之间的相互运动。如果我们认为一个物体相对于第二个系统是静止的，于是可以用一个平行于新空间轴的不变线代表，它在旧轴上的投影将有同样比例的收缩。

因此，确定在两个系统中的哪一个"实际上"在运动既没有必要，也没有物理意义。重要的只不过是它们相对于彼此的运动。所以，如果在地球与土星之间的空间某处，隶属于未来的某家"行星际交流有限公司"的两艘高速运行的旅客宇宙飞船擦肩而过，那么这两艘飞船内的旅客都能够透过舷窗看到另一艘飞船发生的显著收缩，却看不到自己所在的飞船的收缩。争论究竟是哪艘飞船"实际上"收缩是没什么用处的，因为在这两艘飞船的乘客看来，另一艘飞船都是缩短了的，而在飞船上的乘客们看来，自己的飞船都是没有变化的。[1]

运动物体的相对论收缩只有当其速度接近光速时才观察得到，四维推理让我们理解了其中原因。事实上，空间–时间坐标系转过的角度是由运动体系走过的距离与走过这段距离所必需的时间之间的比率决定的。如果我们用英尺测量这段距离而用秒测量时间，这个比率只会是用英尺每秒表达的普通速度。然而，由于在四维世界中的时间间隔是用普通的时间间隔乘以光速表达的，确定转角的比率实际上是以英尺每秒作为单位的运动速度除以同一单位表达的光速。所以，转角以及它对距离测量的影响就只有当两个运动体系的相对速度接近光速时才能察觉。

空间–时间坐标系的转动也会影响对时间间隔的测量，其方式与它影响长度测量的方式相同。然而，我们可以证明，因为第四坐标独特的虚

---

1 当然这全都是理论图像。实际上，如果两艘宇宙飞船以我们在这里讨论的速度高速掠过，每一艘飞船上的乘客都完全看不到另一艘飞船，就像从一支步枪里射出来的子弹一样：尽管它的速度低得多，但你也无法看到。

数性质[1]，当空间距离缩小时，时间间隔将增大。如果你在高速行驶的汽车上放一个时钟，它会比放在地上的类似时钟多少走得慢一点，也就是说，连续两次嘀嗒声之间的时间间隔会变长。跟长度收缩的情况一样，运动中的时钟变慢也是一个仅仅取决运动速度的普遍效果。无论是现代的手表，还是老式的落地式大摆钟，或者是装满沙子的一小时计时沙漏，只要以同样的速度运动，它们都会以完全相同的方式变慢。当然，这一效果并不局限于我们称之为"钟"或者"表"的特定机械装置；实际上，一切物理的、化学的或者生物的过程都会以同样的程度放慢。因此，如果你置身于一艘高速运行的宇宙飞船之内，你不必担心因为你的表走得太慢而把你充当早餐的鸡蛋煮过了头；因为鸡蛋内部的过程也会相应变慢。所以，你仍旧可以按照你手表上的时间煮沸鸡蛋五分钟，你煮好的鸡蛋会和平常的"五分钟鸡蛋"一模一样。我们在这里用一艘宇宙飞船作为例子而不是火车餐车，因为就像长度收缩一样，只有当速度接近光速时你才能注意到时间的膨胀。时间的膨胀也和空间收缩有同样的因子：

$$\sqrt{1-\frac{v^2}{c^2}},$$

但区别在于，你在这里用它做除数而不是乘数，如果某人的运动速度让长度减到了一半，这时的时间间隔将会加倍。

　　对星际航行来说，运动系统的时间速度放慢特别有趣。假定你决定搭乘一艘宇宙飞船访问天狼星的一颗卫星，该卫星距离太阳系9光年，飞船的速度实际达到光速。你自然会认为，这样一次往返天狼星的旅行至少需要18年，于是打算带上一大批食品。然而，如果你的飞船真的能让

1　如果你愿意，你也可以将这一句话表达为：因为在四维空间中，毕达哥拉斯公式事实上相对于时间有所扭曲。

你以接近光速的速度旅行，那这种防范措施完全没有必要。举例来说，如果以光速的99.999 999 99%飞行，你的手表、心肺、消化系统和思维过程都会放慢70,000倍，在留在地球上的人看来，你从地球到天狼星再回来的旅程耗时18年，但对你自己来说似乎只是几个小时。事实上，如果刚好在早饭后出发，当飞船在天狼星的某颗行星上着陆时，你会觉得自己想吃午饭了。如果赶时间，吃过午饭后立即回程，你有很大的把握赶回地球吃晚饭。但是，如果忘记了相对论的定律，回家时你会大吃一惊，因为你的亲朋好友全都认为你还在茫茫星空中飘浮，并且在你回来之前已经吃过6570顿晚餐了！因为你是以接近光速的速度旅行，18个地球年对你来说只不过是一天而已。

如果尝试以超过光速的速度运动会如何呢？你可以从另一首相对论打油诗中找到部分答案：

布莱小姐顶呱呱，

光速自叹不如她。

有朝一日腾空去，

爱因斯坦笑哈哈，

归来共赏昨日花。

可以肯定，如果速度接近光速能让运动系统的时间变慢，那么超过光速的速度应该能逆转时间！而且，由于在毕达哥拉斯定理的根号内的代数符号改变，时间坐标将变成实数，成为空间中的距离，而以同样的方式，超光速系统中的一切长度将穿越零，成为虚数，从而变成了时间间隔。

如果这一切都是可能的，那图33表现爱因斯坦把一把米尺变成闹钟的图画将成为现实，只要他在表演期间得到超光速！

尽管物理世界非常疯狂，但还没有疯狂到如此地步。我们只要做出一条总结，就可以宣告所有这类黑魔法表演的末日：没有任何实体物质可以用等于或者超过光速的速度运动。

这项自然基本定律是以事实为物理学基础的，是通过大量直接实验证实的。运动物体所谓的惯性质量对它们来说是进一步加速的机械阻力，它会随着运动速度接近光速而无限增加。也就是说，如果一颗左轮手枪子弹的速度是光速的99.999 999 99%，那它进一步加速的阻力会相当于一颗12英寸的炮弹。而当它的速度是光速的99.999 999 999 999 99%时，这颗小小的子弹的惯性质量会相当于一辆满载的运货车厢。无论对这颗子弹做出多大努力，我们都永远无法征服最后一位小数，让它的速度恰好等于光速——宇宙中一切速度的上限！

3.弯曲空间与引力之谜

在前面这几十页中，可怜的读者一定觉得自己一直在四维坐标轴中转得晕头转向，我在此向你表示遗憾与歉意，并邀请你到一个弯曲空间内散步。人人都知道什么是曲线和曲面，但"弯曲空间"又是什么意思呢？想象这样一种事物的困难并不在于这种理念的不同寻常，而在于我们能够从外部观察曲线和曲面，但必须从内部观察三维空间的弯曲，因为我们本身就在这个空间之内。为了理解一个三维人类如何想象他生活空间的弯曲，我们可以首先考虑生活在表面上的二维影子人的一个假想环境。我们可以在图39a和39b中看到，一些影子科学家正在扁平和弯曲（球面）的"表面世界"上研究他们的二维空间几何。当然，人们要研究的最简单的几何图形是三角形，即由三条连接几何点的直线线段围成的图形。人人都记得，中学几何课告诉我们，在一个平面上画出的任何三角形的三个内角和都是180°。然而，很容易看出，上面的定理无法应用于画在一个球面上的三角形。的确，如果我们从北极或者南极引出两条几何意义上的经线，加上一段被它们所截的（也是按照几何意义的）赤道的纬线，它们就可以组成一个球面三角形，但它的两个底角都是直角，而顶角可以是0°到360°之间的任意角。在图39b的两位影子科学家研究的特例中，三个角的和等于210°。于是我们便看到，通过测量二维世界中的几何图形，影子科学家们可以不到空间之外就找出曲率。

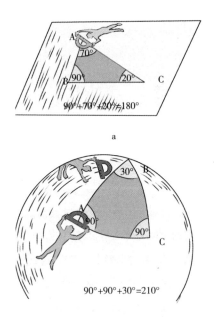

a

b

图39　扁平与弯曲"表面世界"中的二维科学家们检查三角形内角和的欧几里得定理

如果把上述观察方法应用于多出一个维度的世界中，我们也可以相当自然地得到结论：通过测量它们的空间内连接三点的直线段之间的角度的方法，生活在三维空间的人类科学家也可以简单地确定他们的空间曲率，而不必跳出去，进入第四维空间。如果三个角之和等于180°，这个空间是平的，否则就必定是弯曲的。

但在进一步论证之前，我们必须比较详细地讨论一下直线（段）这个术语的准确含义。请看图39a和39b中所示的两个三角形，读者很可能会说，图39a中画在平面上的三角形的三条边确实是直线段，但图39b的球面三角形的边实际上是弯曲的，是沿着球面上的大圆[1]的弧。

这是一个基于我们常识几何学观念的说法，这将让影子科学家们没有任何机会来发展他们的二维空间几何。直线概念需要一个普遍的数学定义，使其不仅在欧几里得几何中有效，还能进一步推广，把各种表面和性质更复杂的空间内的线包括进来。为了适应这样的普遍化，我们可以把"直线段"定义为代表两点之间最短距离的线，无论它是沿着表面还是在画出它的空间之内。当然，在平面几何中，上述定义与普通的直线段定义是一样的，而在更为复杂的曲面的情况下，它也将一大批具有明确定义的线包括在内，它们在那里扮演着和欧几里得几何中的"直线段"同样的角色。为了避免误解，我们经常称在曲面上代表最短距离的线为测地线，因为这种概念首先是在测量地球表面的科学——测地学中引进的。其实，说到在纽约和旧金山之间的直线距离时，我们指的是沿着地球表面的曲线的"直线飞行距离"，而不是用一台假想的庞大钻机在地球身上钻出一个连接两点的笔直隧道。

以上这个以两点之间的最短距离作为"广义的直线段"或者"测地线"的定义，指出了构建这样的直线段的简单物理方法：在相关两点间

1　大圆是用一个经过球心的平面在球面上切割形成的圆。赤道和经线是这类大圆。

拉紧一段绳子。如果在平面上这样做，你将得到一个普通的直线段；如果在球面上这样做，你将看到这条绳子沿着大圆的弧伸展，对应于球面上的测地线。

以类似的方式，我们应该有可能弄清我们生活的三维空间是平的还是弯曲的。我们只需要在空间三点之间拉紧绳子，看看这样形成的三角形的内角和是否等于180°。然而，我们在计划这样一个实验时必须记住重要的两点。其中一点是，这个实验必须在一个相当大的范围内进行，因为很小的一部分弯曲表面或者空间可能会让我们觉得相当平坦，显然不能通过我们在后院里做的测量来确定地球表面是否弯曲！另外，表面或者空间可以在某些区域内是平的，而在其他区域内是弯曲的，因此，整体调查可能是必要的。

爱因斯坦曾把一个有关弯曲空间的绝妙想法写进了他的广义相对论的基础里，这就是假定一个大质量物体附近的物理空间是弯曲的，这个物体的质量越大，空间的曲率就越大。为了证明这样的假说，我们可以围绕一座不小的山峰打下三个尖桩，然后把系在尖桩上的绳子拉紧（图40a），接着测量这些绳子在三个交点形成的夹角。选你能找到的最大的山峰，可能的话，在喜马拉雅山脉中找一座。但你会发现，在考虑到你的测量有一定误差的情况下，绳子交会点上的角的和将刚好等于180°。然而，这一结果并不一定能够说明爱因斯坦是错误的，即大质量物体其实不能让它周围的空间弯曲。或许就连喜马拉雅山也不能让它周围的空间弯曲得足够大，让我们最精密的测量仪器看出偏差；请记住伽利略在尝试用他的快门提灯测量光速时遭到的惨败（图31）。

所以千万不能气馁，你必须找质量更大的物体再试，例如太阳。

如果你在地球上某一点拉一根绳子到某一颗恒星上，然后再到另一颗恒星上，最后回到地球上原来的那一点，形成一个三角形。看，你成功了！但要选好这两颗恒星，让三角形把太阳围在里面。这时你测得的三角形内角和将明显偏离180°。如果你没有足够长的绳子来做这个实验，那就用光线代替绳子，它们的效果和绳子一样好，因为光学基础知识告诉我们，光总是选择尽可能短的路径传播。

a

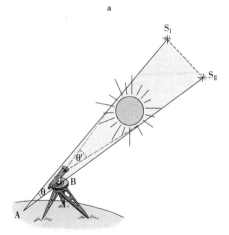

b

图40

　　图40b就是这样一个测量光束形成的三角形的实验示意图。在我们观察的那一刻，来自太阳圆盘两边的两颗恒星SI和SⅡ的光束汇聚于一个经纬仪上，这台仪器可以测量它们的夹角。然后，当太阳脱离了三角形的包围之后重做这个实验，并比较两次的角度。如果两次数据不同，我们就证明了：太阳的质量改变了它周围空间的曲率，让光线偏离了它们原有的路径。这个实验是爱因斯坦为了证明他的理论最先提出的。图41是这个实验的二维等价草图，通过观察这份草图，读者可以更好地理解实验的内容。

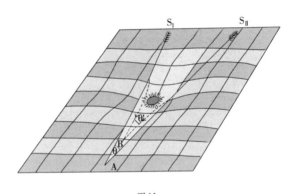

图41

　　显然，在正常情况下，进行爱因斯坦建议的实验有些困难，因为太阳圆盘太亮了，你看不到它周围的恒星。但在日全食期间，我们可以在白天清楚地看到它们。利用这一事实，一支英国天文学家实验团队于1919年前往一次日全食的最佳观测地点——西非的普林西比群岛（Principe Islands），在那里进行了这一实验。他们发现，在有无太阳夹在中间的两种情况下，来自这两颗恒星的光束形成的角距相差$1.61'' \pm 0.30''$，而爱因斯坦理论的预言是$1.75''$。在以后出现日全食的时候，多支实验团队都得到了类似的结果。

当然，1.5角秒不是一个大角度，但它足以证明，太阳的质量确实让空间发生了弯曲。

如果不用太阳，而用另外某个大得多的恒星，我们就会发现，欧几里得关于三角形内角和的定理的误差会以角分甚至角度计。

作为空间中的观察者，我们需要花一些时间和大量想象，才能习惯弯曲的三维空间理念，但一旦我们弄懂了，它就会和我们熟悉的其他经典几何概念一样清楚、明确。

我们现在只需要向前再走一步，就能够完全理解爱因斯坦的弯曲空间理论和它与万有引力的基本问题之间的关系。要做到这一点，必须记住，我们一直在讨论的三维空间仅仅代表四维时空世界的一部分，后者是一切物理现象的背景。所以，普通空间的弯曲只是时空世界更普遍的四维弯曲的反映，而对于代表这个世界中的光线和物体运动的四维世界线，我们必须把它们视为超空间内的弯曲线。

在从这种观点出发思考了这个问题之后，爱因斯坦得出了引人注目的结论：引力现象只不过是四维时空世界的弯曲效应。事实上，我们现在可以把老旧的观点作为不合适的论调抛弃了，这种观点认为，太阳具有某种力，它直接作用在行星上，让它们沿着圆形轨道围绕它旋转。更准确的说法是：太阳的质量弯曲了它周围的时空世界，而行星之所以显示出它们在图30中所示的世界线，是因为那就是通过弯曲空间的测地线。

因此，作为一种独立的力的引力概念完全从我们的理论中消失了，代之以纯粹的空间几何概念，其中一切物质体都沿着"最直的线"，即测地线运动，按照其他大质量物体造成的弯曲表面运行。

4.封闭空间与开放空间

　　在结束本章讨论之前，我们还必须对爱因斯坦的时空几何的另一个重要问题做一次简单讨论，这个问题就是有限宇宙与无限宇宙的两难处境。

　　迄今为止，我们一直在讨论大质量体邻域内的空间局部弯曲，就好像有一批"空间丘疹"散布在宇宙这张庞大的脸上。但是，除了这些局部的偏差之外，宇宙的这张脸是平的还是弯曲的？如果是弯曲的，那

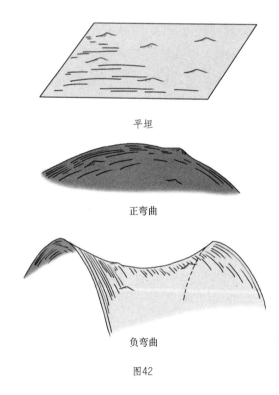

平坦

正弯曲

负弯曲

图42

又是怎样弯曲的呢？我们在图42中给出了一个带有"丘疹"的平坦空间的二维说明，还有两种可能的弯曲空间类型。所谓"正弯曲"空间（曲率为正）对应于球面或者任何其他封闭的几何形体，无论在任何地方它都以"同样的方式"弯曲。与它对立的是"负弯曲"空间（曲率为负），它在一个方向向上弯曲，但在另一个方向向下弯曲，看上去很像一个马鞍的表面。如果切下两块皮革，一块来自一只足球，另一块来自马鞍，并尝试把它们铺平在桌子上，你就可以清楚地认识到这两种弯曲的不同。你会注意到，如果不拉伸或者压缩这两块皮革，它们都不会在桌子上变成平展的一块。要让它们平展，你必须拉伸足球皮革的边缘、挤压马鞍皮革。足球皮革围绕中心的物质不足，没法展平；马鞍皮革的物质则太多，每当试图把它弄平整，有的地方就会折皱。

我们可以用另一种方式陈述这一点。假定我们在距离某个中心点1英寸、2英寸、3英寸等的范围内数出里面的丘疹数目（沿着表面数），在不弯曲的平坦表面上，丘疹的数目是随着距离中心点的长度的平方增大的，如1，4，9等。在一个球面上，丘疹的数目将比第一种增加得慢一些，而在一个"马鞍形表面"上则比第一种更快一些。所以，尽管根本无法从外部观察表面的形状，但生活在表面之内的二维影子科学家们仍然能够对位于不同半径的圆中的丘疹计数，以此检测弯曲情况。在这里，我们或许能够注意到，也可以通过测量对应的三角形的角度，发现正弯曲与负弯曲之间的不同。我们已经在前面的段落中看到，在球面上画出的三角形的内角和永远大于180°。如果你尝试在马鞍形表面上画一个三角形，你会发现，它的内角和永远小于180°。

按照下面表格，可以把上面从特定的弯曲表面上得到的结果推广到弯曲的三维空间中去。

空间类型	长距离情况下的表现	三角形的内角和	球体体积的增加
正弯曲 （类球体）	自我封闭	> 180°	慢于半径的立方
平坦 （类平面）	扩展至无限	=180°	等于半径的立方
负弯曲 （类马鞍）	扩展至无限	< 180°	快于半径的立方

可以用这份表格来寻找一个问题的实际答案，即我们生活在其中的空间是有限还是无限的，这个问题将在第10章中讨论，它将考虑宇宙的大小。

第三部分

微观世界

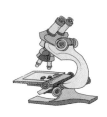

下行阶梯

1.希腊人的想法

　　为了分析物质体的性质，从一些我们熟悉的"正常大小"的物体开始，然后一步一步地走进其内部结构，那里是一切人类眼睛看不到的物质性质的最终源泉——这是一个很好的计划。所以，让我们从你餐桌上的那碗蛤蜊汤开始讨论。我们选择蛤蜊汤，并不是因为它美味且营养丰富，而是因为它是混合物的一个很好例子。即使不用显微镜的帮助，你也能够看出，这是一个大量不同成分的混合物：细小的蛤蜊片、洋葱、西红柿、芹菜、土豆丁、胡椒粉和肥肉末，所有这些都在带盐的水溶液中混合在一起。

　　我们在日常生活中面对的大部分物质，特别是有机物质，都处于混合物状态，但在大多数情况下，需要显微镜的帮助才能意识到这一事实。不需要很高的倍数，我们就能在显微镜下看到这一点，例如牛奶就是由悬浮在均匀的白色溶液中的奶油小液滴构成的乳剂。

　　普通的花园泥土是石灰石、高岭土、石英、氧化铁、其他矿物质和盐的精细混合物，再加上来自腐烂的植物与动物物质的各种有机物质。如果给一块普通的花岗石表面抛光，我们将会立即看到，这块石头是由三种不同物质（石英、长石和云母）的小晶体构成的，它们紧密地黏结在一起，形成了一块固体物质。

　　在我们对物质的固有结构的研究中，混合物的构造只是第一步，或者说是我们下阶梯的顶层平台，接下来我们可以直接研究组成这个混合物的各种纯净物质的成分。对像一截铜丝、一杯水或者填充了房间的空气（当然不包括悬浮在空中的尘埃）这类真正的纯净物质来说，即使通过显微镜研究，也无法看出成分不同的各部分的踪迹，而且这些物质看上去是完全连续的。确实，与差不多每种固态物质（除了那些由不形成结晶的玻璃态物质组成的物品）一样，我们总是可以通过高倍显微镜看到铜丝中所谓的微晶结构。但我们在一切纯净物质中看到的不同晶体都具有同种性质：在铜丝中的是铜的结晶，在铝锅上的是铝的结晶，等等。它们跟我们在食盐中看到的情况完全一样：把一捧食盐紧紧地压在一起，我们能够看到的只有氯化钠晶体。通过使用慢结晶这种特殊技术，我们可以增大盐、铜、铝或者任何其他纯净物质的晶体的大小，直至达到我们想要的任何程度，而这样一块"单晶"物体将和水或者玻璃一样纯净。

　　凭借肉眼与现今最好的显微镜所做的这些观察，是否足以让我们假定，这些纯净物质看上去完全一样，不管我们放大多少倍？换言之，我们是否可以相信，铜、盐或者水，无论其数量多少，它们的性质都和大样本物质相同，而且总可以继续细分下去，变成更小的片段？

第一个思索并试图解答这个问题的人是希腊哲学家德谟克里特（Democritus），他在大约2300年前生活在雅典。他对这个问题的回答是否定的，他更倾向于认为，无论某种给定的物质看上去有多纯净，我们都必须认为，它们是由大量（他没有说多么大量）非常小（他也不知道到底有多小）的粒子组成的，他称其为"原子"，或者"不可分割者"。不同物质的这些原子或者不可分割者数量各异，但它们的实质性差别只是表面上的，不是真实的。火原子和水原子其实就是同一种，差别仅仅是表象。的确，所有物质都是由同样的终极原子组成的。

对此持不同观点的是与德谟克里特同时代的恩培多克勒（Empedocles），他认为存在着几种不同的原子，它们以不同的比率混合，组成了所有一切不同的已知物质。

基于当时已有的粗浅化学知识，恩培多克勒确认了四种不同类型的原子，分别对应于人们所说的四种基本物质：石头素、水素、气素和火素。

下面是一些例子。泥土就是石头原子和水原子一个一个紧密混合在一起组成的；混合得越好，泥土就越好。在结合了石头原子与水原子形成的泥土里生长的一株植物可以结合来自太阳光线的火原子，形成木素复合分子。燃烧木头可以去掉水分，可以将这一过程视为木分子分解或者分裂，变成在火中逃逸的原来的火原子，还有作为灰烬留下的石头原子。

我们现在知道，在科学的婴儿期时代，尽管这种对于植物生长和木头燃烧的解释看上去很符合逻辑，但其实并不正确。我们知道，古人认为，植物用于自身生长的大部分物质来自泥土，而且在有人告诉你这种想法不对之前你也会这么想。但我们知道，大部分必要物质其实来自空气。除了支持生长中的植物并起到保存植物所需水的水库作用之外，泥土本身的贡献仅仅是提供植物生长必需的很低比率的盐类，用小顶针大小的泥土，我们就可以种出一棵相当大的玉米。

真实的情况是，大气中的空气是氮和氧的混合物（而不像古人以为的是一种单质），还有一定数量的二氧化碳，后者的分子是由氧原子和碳原子组成的。在阳光的作用下，植物的绿叶吸收空气中的二氧化碳，后者与通过根提供的水反应，生成各种构成植物本身的有机物质，其中部分氧回归大气，这就是"房间里的植物能让空气新鲜"这一事实所必需的过程。

木头燃烧时，木质的分子再次与空气中的氧结合，重新形成二氧化碳和水蒸气，它们随着火苗散去。

古人认为会进入植物的物质结构的"火原子"其实并不存在。阳光提供的只是用于打碎二氧化碳分子的能量，从而可以让生长中的植物消化这种大气食物；而且，因为火原子不存在，所以它们的所谓"逃逸"就无法解释火这种事物；火焰只不过是大量存在的气体流，它们受热上升，由于在这一过程中释放的能量而让肉眼可见。

现在再让我们举一个例子，说明在化学变化方面，古代观点与现代观点也有类似的不同。你当然知道，我们可以从相应的金属矿中提炼不同的金属，方法是把矿石置于熔炼炉内非常高的温度之下。乍一看，大多数矿石似乎与普通的石头相差无几，因此古代科学家相信，矿石和其他石头一样，都是由同样的石头素组成的，这也就不足为奇了。然而，把一块铁矿石放进热火中之后，他们发现从中生成了一些和普通石头不同的东西——一种闪闪发光的坚韧物质，可以用它制造优质刀剑和箭头。解释这种现象最简单的方法是：金属是由石头和火结合而成的，换言之，石头原子和火原子结合成金属分子。

用这种方法普遍解释了金属之后，他们又解释了不同金属的不同质量，如铁、铜和黄金等。他们说，石头原子和火原子的不同比率决定了它们的组成。闪闪发光的黄金中包含的火原子多于灰扑扑、不起眼的铁，难道这不是很明显的吗？

如果果真如此，为什么不可以在铁里面加入更多的火，把它变成更珍贵的黄金呢？或者用铜做原料岂不是更好？想到了这一点，具有实践头脑的中世纪炼金术士们把生命中很大一部分时间花在浓烟滚滚的熔炼炉旁，试图用贱金属制造"合成黄金"。

按照这一观点，他们的工作就和研发生产合成橡胶新方法的现代化学家的工作一样合情合理；他们的理论与实践的谬误就在于，他们相信黄金和其他金属都是化合物而不是单质元素。但如果不试一下，谁又知道哪种物质是单质，哪种物质是化合物呢？如果没有这些早期化学家把铁或者铜变为黄金或者白银的无效努力，我们或许永远也不会知道金属是单质化学物质，而含有金属的矿石是金属和氧原子结合形成的化合物（现代化学家称它们为金属氧化物）。

与古代炼金术士们设想的不同，铁矿石在高炉灼热的热火下向金属铁的转化并非缘于原子（石头原子和火原子）的结合，恰恰相反，这是原子分离的结果，也就是把氧原子从氧化铁的化合物分子中去掉。暴露在潮湿空气中的铁器表面出现的铁锈并不是火原子逃逸之后留下的石头素组成的，而是铁的氧化物分子形成的，是铁原子和空气或者水里的氧原子结合的产物[1]。

　　根据以上的讨论可知，古代科学家关于物质内部结构和化学变化的性质的理念基本上是正确的，他们的错误在于，对形成了基本元素的事物的错误概念。实际上，恩培多克勒作为基本元素罗列的四种物质没有一种是单质元素；空气是几种不同气体的混合物，水分子是由氢原子和氧原子组成的，石头有非常复杂的组成，牵涉大量不同的元素，而最后，所谓的火原子根本就不存在[2]。

　　实际上，自然界的元素并不只有4种，而是92种不同的化学元素，[3]也就是92种不同的原子。其中有些元素，如氧、碳、铁和硅（大部分石头的主要成分）在地球上很多，也是人人都熟悉的，还有一些非常稀有。你可能从来没有听说像锘、镝或者镧这样的元素。除了自然元素，现代科学已经成功地制造了几个全新的化学元素，我们将在本书稍后讨论它们，其中的一个叫作钚，它注定要在原子能释放方面扮演重要角色（无论是战争用途还是和平目的）。通过各种比例的组合，92种基本元素构成了数不清的各种复杂化学物质，如水和奶油，石油和土壤，石头

1　于是，尽管一位炼金术士会把用铁矿石炼铁的过程表达为如下公式：

　　　　　（石头原子）＋（火原子）→（铁分子）；
　　　　　　　铁矿石

而把铁锈的形成表达为另一个公式：

　　　　　（铁分子）→（石头原子）＋（火原子）。
　　　　　　铁锈

但我们用以表示同样过程的公式则是：

　　　　　（氧化铁分子）→（铁原子）＋（氧原子）
　　　　　铁矿石

和　　　　（铁原子）＋（氧原子）→（氧化铁分子）。
　　　　　　　铁锈

2　正如我们将在本章稍后见到的那样，火原子这个想法在光量子理论中得到了部分重建。

3　现在已发现118种不同的化学元素，94种存在于地球上。

和骨头，茶和TNT炸药，以及其他东西，如三苯基氯化吡喃鎓和甲基异丙基环己烷，这些是优秀化学家烂熟于心的术语，但大部分人连读都不会读。而且，人们正在一卷又一卷地写下手稿，总结这些原子展现的无数组合结果的性质、制备方法以及其他种种。

2.原子有多大？

当德谟克里特和恩培多克勒论及原子时，他们的论点主要基于模糊的哲学理念，认为不可能有这样一个可以把物质无限制细分的过程，这一过程中无论如何都不会出现无法再分的微小单元。

当一个现代化学家谈论原子时，他指的是某种确定得多的东西，因为要理解化学的一个基本定律，人们必须掌握有关基本元素和它们在复杂分子中结合的准确知识。根据这个基本定律，不同的化学元素只能按照准确的质量比率结合，这些比率必须明显地反映这些物质中不同原子的相对质量。举例来说，这位化学家会得出结论，氧、铝和铁的原子质量必定分别为氢原子质量的16倍、27倍和56倍。但是，尽管不同元素之间相对原子量是基本化学信息中最重要的一部分，但在化学工作中，以克为单位的原子的实际质量却绝对无关紧要，有关这些准确质量的知识不会以任何方式影响其他化学事实、定律的应用和化学方法。

然而，当一位物理学家考虑原子时，他的第一个问题一定会是："原子的实际大小是多少厘米？重多少克？在给定的物质中，各种原子或者分子有多少？是否有方法一个一个地观察、数出或者处理单个原子和分子？"

有许多估计原子和分子大小的方法，其中最简单的一种非常容易操作，如果德谟克里特和恩培多克勒想到了，即使没有现代实验室装备，他们也能付诸实践。任何物质体，比如说一截铜丝，它的最小单位是一个原子，那么人们显然无法制造出一层比这个原子的直径更薄的铜箔。因此我们可以尝试拉伸这根铜丝，直到它变成一长链的单个原子，或者把它锤打成一片一个原子直径厚的薄铜叶子。用铜丝或者任何其他固体物质，这一任务几乎都不可能完成，因为在达到最小粗细之前，这些物质将会不可避免地断裂。但液体物质，如在水上漂浮的一层薄油膜，可以轻松地形成分子的单层毯子。也就是说，这是一层薄膜，上面的"单个"分子水平地一个个相互连接，没有在垂直方向相互重叠的情况。只要仔细、耐心，读者可以自己做这个实验，这样就可以用简单的方法测量油分子的大小了。

　　选择一个不深的长容器（图43），水平地放在桌子或者地板上，注水至容器边缘，然后横跨容器放一根刚好触碰水面的金属丝。如果你在紧靠金属丝的一边滴上一小滴纯油，它会在金属丝这边铺满整个水面。如果你沿着容器边缘移动金属丝，油层就会随着金属丝继续扩大，变得越来越薄，其厚度最后一定会等于单个油分子的直径。在达到这一厚度之后，金属丝的任何进一步运动都会让连续的油表面破碎而露出无油层的水面。知道了滴在水面上的油量以及在油层破碎前油层的最大面积，你就可以很容易地计算单个分子的直径。

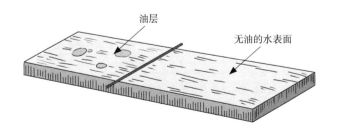

图43　一旦拉伸得太过分，水面上的薄油层就断裂了

　　你可能会在做这个实验时观察到另一个有趣的现象。在无油水面上滴下一滴油时，你首先会注意到油表面上熟悉的彩虹色，它和你很可能在船只经常光临的海港水面上见过多次的情况相仿。这样的颜色来自众所周知的干涉现象。干涉光是从油层上下边界反射的光，不同的地方会出现不同的颜色，这是因为扩散使油层各处厚度不一。如果你等一小会儿，油层均匀了，整个油表面将有均一的颜色。当油层变薄时，颜色将逐步由红变黄，由黄变绿，由绿变蓝，然后由蓝变紫，与光的波长由长变短的方向一致。如果我们继续扩大油表面的面积，颜色会完全消失。这并不意味着油层也消失了，只不过是因为油层的厚度已经低于可见光的最短波长，颜色不在你的可视范围之内了。但你还是可以分清有油和无油的水面，因为从非常薄的油层的上下边界反射的光还是会发生干涉现象，这会降低总体光强度。于是，与净水表面相比，颜色消失时的油表面由于反射光而显得"呆滞"一些。

　　你在真正做这个实验时将会发现，1立方毫米的油大约能覆盖1平方米的水面，如果你想继续扩大油层，就会导致清水区出现。[1]

1　油层在刚好破裂之前到底有多薄？为了弄懂有关计算，不妨想象那个油滴是一个体积1立方毫米的立方体，其中每个面的面积都是1平方毫米。为了把原来1立方毫米的油分散在1平方米的面积上，原来与水面接触的1平方毫米的面积必须扩大100万倍，成为1平方米。因此，原来的正方体的垂直高度就必须缩小$1000 \times 1000 = 10^6$倍，这才能保持总体积不变。这就让我们知道油层的极限厚度，也就是油分子的实际大小，其值约为0.1厘米$\times 10^{-6} = 10^{-7}$厘米。因为一个油分子中有好多个原子，所以原子的尺寸更小。

3.分子束

通过研究从小喷嘴进入周围真空的气体和蒸气，我们可以找到演示物质分子结构的另一个有趣的方法。

假设我们有一个器壁上带一个小孔的陶土圆筒，上面缠绕着加热用的电阻丝，这就是一个小型电熔炉。我们把它放进一个真空程度很高的玻璃泡（图44）里。如果在电熔炉中放进一块低熔点金属，如钠或者钾，圆筒内部便会充满金属蒸气，并且通过圆筒壁上的小孔进入周围的空间。在与温度较低的玻璃泡壁接触时，蒸气就会粘在玻璃泡壁上，在壁的不同位置上形成一层镜子一样的沉积物，它将清楚地告诉我们，从熔炉中逃逸的物质是怎样运动的。

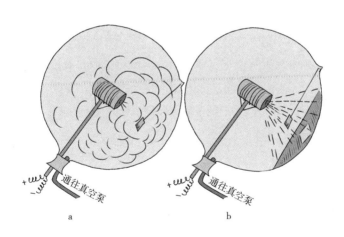

图44

我们还将看到，熔炉温度不同，玻璃壁上的沉积薄层的分布也会不同。如果熔炉的温度很高，在它内部的金属蒸气的密度也将很高，任何见过蒸气如何从茶壶或者蒸汽机里逃逸的人都会感到这种现象很熟悉。从小孔出来的蒸气将向四面八方扩散（图44a），充满玻璃泡的整个空间，并在整个内壁表面上形成大致均匀的沉积层。

然而，在较低的温度下，熔炉内部的蒸气密度较低，喷射现象也全然不同。从小孔逃逸的蒸气不会向四面八方分布，而是形成一条直线，其中大部分沉积在面对熔炉喷口的玻璃壁上。如果将某个小物体放在开口前面（图44b），我们就能特别清楚地说明这一事实。在这个物体后面的玻璃壁上不会形成沉积，这个没有沉积的区域会有与遮挡物体的几何影子完全相同的形状。

蒸气是由数目极大的分散分子组成的，它们向四面八方喷射并相互碰撞。如果我们还记得这一点，就能够很容易地理解以高低不同的浓度逃逸的气体的不同表现了。当蒸气的浓度高时，从开口冲出的气体流可以与从着火的剧场出口冲出的疯狂人群相比。出门之后，人们将会在街道上四散分开，但此时他们仍然在相互碰撞。反之，当密度低时，它就像一次从门里只通过一个人一样，会沿直线向前，不受干扰。

人们称来自熔炉开口的低浓度气体物质流为"分子束"，它是由大量分开但一起在空间飞行的分子组成的。这样的分子束在研究分子的各种性质时非常有用。例如，人们可以用它测量热运动的速度。

用于这样的分子束速度研究的第一台装置是由奥托·斯特恩（Otto Stern）[1]建造的，它实际上与菲佐用来测量光速的装置（图31）完全一样。它由安放在同一根轴上的两个齿轮盘组成，安放方式可以让分子束在旋转角速度合适的时候才能通过（图45）。通过利用隔板拦截来自这

1　奥托·斯特恩（1888—1969），德裔美国核物理学家、实验物理学家，1943年诺贝尔物理学奖得主。——译者注

样一套装置的纤细分子束的不同方式，斯特恩证明，分子运动的速度通常很高（钠原子在200 ℃时的速度为1.5 km/s），并且随气体温度的升高而增加。这为热动力学理论提供了直接证据，这些证据说明，提高某物体的温度只能增加其中分子的无序热运动。

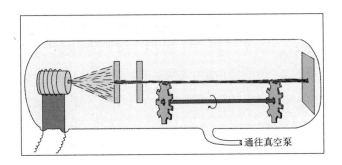

通往真空泵

图45

4.原子照相

尽管上面的例子几乎让人对原子假说的正确性毫无怀疑，但"眼见为实"仍然是一条真理；于是，有关原子和分子存在的最令人信服的证据将是让人类能够看到这些微小粒子。不久之前，英国物理学家W. L. 布拉格（William Lawrence Bragg）[1]才完成了这样一个视觉证明——他开发了一种可以在各种晶体内为原子和分子拍照的方法。

然而，千万不要以为，为原子照相是一件容易的工作。要给如此微

---

1 W. L. 布拉格（1890—1971），澳大利亚与英国双重国籍，因发现X射线衍射的布拉格定律，1915年与父亲威廉·亨利·布拉格一同获得诺贝尔物理学奖。——译者注

小的物体照相，人们必须考虑一个事实：除非照明光源的波长小于被照物体的尺寸，否则照片就会模糊得无法辨认。用一把刷房子的刷子是没法画出波斯细密画的！研究微生物的生物学家们清楚地知道这个困难，因为细菌的大小约为0.0001厘米，可以与可见光的波长相比。为了改进照片的清晰度，他们用紫外光为显微照片摄影，得到了比其他方法好些的结果。但晶格中分子的尺寸和它们之间的间距实在太小（0.000 000 01厘米），以至于人们根本无法用可见光与紫外光为它们照相。为了得到单个分子，我们必须使用波长只有可见光几千分之一的辐射，换言之，我们只能使用一种叫作X射线的辐射来给分子照相。但我们在这里似乎遭遇了一个无法克服的困难：X射线会穿过任何物体，几乎没有衍射，所以透镜和显微镜都不能配合X射线使用。X射线的这个性质和强大的穿透能力在医学科学中非常有用，因为在穿透人类的身体时，如果光线有衍射，一切X射线照片就都会模糊不清。但正是这个性质，似乎也会让人们根本无法利用X射线得到任何放大的照片！

乍一看，这种情况似乎让人毫无办法，但布拉格发现了一种特别有独创性的方法，从而克服了这个困难。他的想法基于恩斯特·阿贝（Ernst Abbé）[1]发展的显微镜的数学理论。根据这一理论，我们可以将任何显微图像视为大量单个图像的叠加，每一个图像都可视为视场内以某个角度出现的平行暗带。图46是一个说明上述说法的简单例子，它告诉我们，如何通过叠加四幅不同的暗带系统得到一个位于暗场中心的发光椭圆图像。

根据阿贝的理论，显微镜的运行包括：（1）将原有图像分解为大量单个暗带图样；（2）分别放大每一个图样；（3）再次叠加这些图样，得到放大了的图像。

1　恩斯特·阿贝（1840—1905），德国物理学家。——译者注

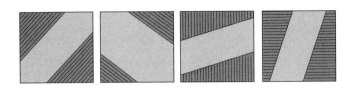

图46

　　这一过程与使用几个单色版印刷彩色图画的方法类似。如果查看每一幅单独的单色图样，你可能无法认出这个图样实际代表着什么，但只要它们全都以某种正确的方法叠加，整幅图画便清晰地出现了。

　　我们无法制造能够自动完成所有这些操作的X射线透镜，因而必须采取分步骤进行的方法：从各种不同的角度为晶体拍下分立的X射线图样，然后以合适的方法将它们全部叠加在一张照相纸上。就这样，我们可以做X射线透镜能够做到的一切，但透镜在瞬间即可完成工作，而胜任这一工作的实验人员却要花费许多个小时才能完成。因此，我们可以用布拉格的方法为晶体照相，因为晶体中的分子在原位不动，但我们无法为液体或者气体中的分子照相，因为那里的分子像没头苍蝇一样到处乱跑。

　　尽管用布拉格法得到的照片不是用照相机咔嗒一下照出来的，但它们仍然和任何复合照片一样好，一样准确。如果因为技术原因，人们无法将整个大教堂的结构用一张感光版拍下来，但没有人会认为，一张由几张照片拼接起来的照片不可接受！

　　我们可以在全页插图 I 上看到一张六甲基苯分子的类似照片，下面是化学家们为它写下的结构式：

在照片中，六个碳原子组成的苯环和另外六个与它们相连的碳原子清晰可见，但几乎看不到较轻的氢原子的痕迹。

在亲眼看见了这样的照片之后，即使对分子和原子的存在持有最强烈的怀疑的人也会同意：它们的存在已经得到了证明。

5.解剖原子

德谟克里特为原子取了一个名字，它的希腊文意义是"不可分割者"。他的意思是，这些粒子是在将物质切分为不同成分的尝试中所能达到的极限。换言之，原子是组成一切物质的最小、最简单的建筑单元。几千年后，"原子"这个哲学想法被融入了物质的精确科学中，并在广泛的实验证据的基础上增加了血肉。原子的不可分性的信念在这一过程中持续，人们试探性地把各种元素的不同原子的性质归结于它们不同的几何形态。所以，以氢原子为例，它就被认为差不多是个球体，而钠原子和钾原子则具有拉长了的椭圆球的形态。

　　另外，人们认为氧原子像一个甜甜圈，有着差不多完全封闭的中心孔洞，于是可以把两个氢原子一边一个放到氧原子的面包圈孔中，形成一个水分子（H_2O）（图47）。对钠原子或者钾原子置换水分子中的氢原子的解释是：钠原子或者钾原子具有拉长的形态，比球状的氢原子更适合氧原子面包圈的孔洞。

图47　图中签名为：里德贝格，1885

　　根据这种观点，不同元素发射不同光谱，其原因是不同形状的原子有不同的振动频率。根据这样的推理，物理学家们观察不同元素发射的光的频率，试图据此总结出组成这些发光元素的原子形状，这和我们对小提琴、教堂的大钟和萨克斯管的不同声音做出解释的方法完全相同。但这一尝试未能成功。

　　所有这些解释元素的化学和物理性质的尝试都完全以各种原子的几

何形状为基础，但都没有取得任何显著进展。后来人们终于意识到，原子并不是具有各种几何形状的简单基本物体，而是与此相反，是具有多种独立运动成分的复杂机体。到了这时，人们才真正迈出了走向理解原子性质的目标的第一步。

解剖原子这样一个纤细的身体是一次复杂的手术，切下第一刀的荣誉非英国著名物理学家J. J. 汤姆孙（Joseph John Thomson）[1]莫属。汤姆孙证明，各种化学元素的原子是由分别带有正电荷和负电荷的不同部分组成的，靠静电吸引力结合。汤姆孙构思的原子图像像一个大致均匀分布的带正电荷的圆盘，内部浮动着许多带有负电荷的粒子（图48），他称这些带有负电荷的粒子为电子，所有电子的负电荷等于总正电荷，所以整个原子呈电中性。然而，因为人们认为电子与整个原子之间的联系比较松散，所以可以拿走它们中的一个或者几个，就留下了一个带有正电荷的原子遗留物，叫作正离子。另外，有些原子也能从外部捕获额外的电子，扩充自己的阵营，于是带有负电荷，人称负离子。这种向原子传递多余的正电荷或者负电荷的过程叫作离子化（电离）。法拉第（Michael Faraday）[2]的经典工作证明，只要原子带有电荷，电荷的数量必定是某个基本电量的整数倍，这个基本电量等于5.77×10^{-19}静电单位。汤姆孙的学说就基于法拉第的这个观点，但他走得比法拉第远得多，因为他把这些电荷归因于各种粒子的本性，发展了从原子体内剥离电子的方法，并研究了高速通过空间的自由电子束。

汤姆孙对自由电子束的研究有一个特别重要的结果，那就是他估计了它们的质量。利用强电场，他让来自热阴极上的一束自由电子进入一

1　J. J. 汤姆孙（1856—1940），发现电子是亚原子粒子，测定了电子的荷质比，获得1906年诺贝尔物理学奖。——译者注
2　法拉第（1791—1867），英国物理学家，实验室练习生出身，曾在电磁学和电化学领域做出了许多重大贡献。——译者注

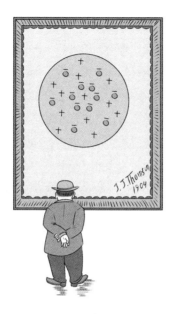

图48　图中签名为：J. J. 汤姆孙，1904

个充电电容器的两块极板中间（图49）。由于带有负电荷，或者更准确
地说，由于它们本身就是自由负电荷，这一电子束受到正极板的吸引和
负极板的排斥。

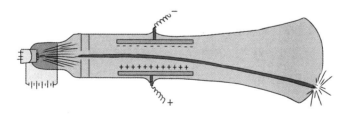

图49

汤姆孙让电子束落到放置在电容器后面的一块荧光屏上，于是他很容易地观察到了电子束在电容器内的偏转。由于电子的电量和电子束在给定电场内的偏转大小是已知的，因此他可以计算电子的质量，结果发现数值极小。实际上，汤姆孙发现，电子的质量仅仅是氢原子质量的1/1840，这说明，原子质量的主要部分是它带有正电荷的部分。

在原子内部蜂拥运动的东西是负电荷，汤姆孙的这个观点是相当正确的，但他认为正电荷在原子内部是均匀分布的，这与事实相去甚远。卢瑟福（Ernest Rutherford）[1]于1911年证明，原子的所有正电荷和绝大部分质量都集中在一个极其微小的核心之内。他是通过自己著名的α粒子在物质内的散射实验的结果得出这一结论的。这些α粒子是一些不稳定的重元素（如铀或者镭）原子因自发衰变产生的微小的高速抛射粒子。人们发现它们的质量与原子相仿并且带正电，所以认为它们必定是带正电荷的原子的一部分。当一个α粒子穿过目标物质的原子时，它将受到来自原子内部的电子的吸引，以及原子带正电的部分的排斥。然而，因为电子太轻，它们对入射α粒子的影响很小，不会超过一群蚊子对受惊大象的影响。另外，如果原子中带有正电荷的庞大部分与入射的α粒子之间的距离足够近，它们的正电荷之间的排斥力必定能够让后者偏离它们正常的运行轨道。

卢瑟福研究了一束α粒子穿过铝箔时受到的散射，得出了令人震惊的结论，即为了解释实验的观察结果，人们必须假定，入射的α粒子与原子正电荷的距离有时可以达到小于原子直径的千分之一的程度。当然，这种情况只有当入射的α粒子与原子带正电荷的部分都只有原子本身的几千分之一时才有可能。就这样，卢瑟福的发现，将汤姆孙原子模

1　卢瑟福（1871—1937），英国物理学家，世界公认的原子核物理学之父，提出原子自然蜕变理论，因此获得1908年诺贝尔化学奖。——译者注

型中正电荷原来的分布范围缩小为在原子最中心处的一个微小的原子核，而把那一窝蜂似的电子赶到了原子核外。于是，这些电子的角色不再像一片西瓜中的西瓜籽，而整个原子也开始被视为一个微型的"太阳系"，其中原子核为太阳，电子为行星（图50）。

图50　图中签名为：卢瑟福，1911

其他事实进一步加强了行星系的类比：原子核包含着整个原子质量的99.97%，而与此对照，太阳系99.87%的质量都集中在太阳身上；电子之间的距离与它们直径的比率为几千比一，这和我们发现的太阳系行星间距离与它们直径的比率相当。

然而，更为重要的类比是如下事实：与太阳和行星之间的引力相同，原子核与电子之间的静电吸引力也遵守同样的平方反比数学定律[1]。这让电子在原子核周围以圆形或者椭圆形轨道旋转，这与太阳系

1　也就是说，吸引力与两个物体之间距离的平方成反比。

内的那些沿着同样轨道旋转的行星与彗星类似。

根据上述有关原子内部结构的观点，不同化学元素的原子之间的差别必定来自围绕原子核旋转的电子的不同数量。因为作为整体的原子是电中性的，围绕原子核旋转的电子数目必定是由原子核本身带有的基本正电荷的数量决定的，而这一数目可以直接根据 α 粒子散射实验的观察结果计算，即考虑实验中 α 粒子与原子核的电子相互作用造成的粒子路径偏转得出。卢瑟福发现，在按照重量增加的顺序排列的化学元素的自然序列中，元素的每一次递增都对应着原子中电子的数量加一。所以，氢原子有1个电子，氦原子有2个，锂原子有3个，铍原子有4个，以此类推，直到最重的自然元素铀，它总共有92个电子[1]。

原子的这种数量标定叫作该元素的原子序数，它与它的位置数相同，后者说明某种元素在化学家按照其化学性质做出分类时的位置。

于是，对于任何一种元素的物理与化学性质，我们都可以简单地通过给出围绕原子的中心核旋转的电子数量予以清楚地表达。

19世纪末期，俄国化学家门捷列夫（Mendeleev）注意到，以自然顺序安排的[2]元素的化学性质具有引人注目的周期性。他发现，在元素增加了一个确定的数目之后，它们的性质开始重复。这种周期性可以通过图51的图形说明，其中所有已知元素的符号都出现在圆柱表面缠绕的一条带子上，可以把它们按照性质相近的元素放在一纵列上的方式排列。我们可以看到，第一周期只有两个元素，氢和氦；然后出现了各有8个元素的两个周期；随后出现的元素每过18个便会重复类似的性质。沿着元素序列每向前一位便对应着在原子中增加一个电子，如果还记得这个理论，我们就一定会不可避免地得出结论：我们观察到的化学性质的周期

1　现在我们已经学会了炼金术的艺术（见后），可以人工制造更复杂的原子。于是，用于制造原子弹的人造元素钚有94个电子。

2　即按照原子量从小到大排列的。——译者注

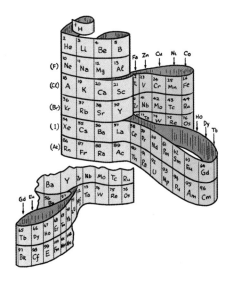

a 正视图

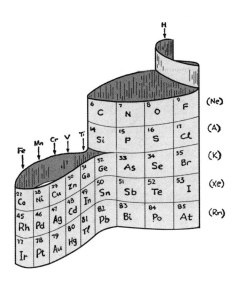

b 背视图

图51

性必定与原子内电子的某种稳定构形的周期性构建有关，这就是所谓的
"电子壳层"。第一个完整的电子壳层必定由两个电子组成，下面两个
壳层每个有8个电子，所有后面的壳层都是每个有18个电子。我们也可
以从图51注意到，在第六和第七周期中，化学性质的严格周期性略微混
乱，必须把两个叫作稀土和锕系的元素放到正常的圆柱表面之外自成两
行。发生这种反常现象的原因是：我们在这里遇到了某种电子壳层结构
的内部重构，这让这些元素的化学性质不太规律。

在缠绕着的缎带上书写的元素周期律显示了分别包含2个、8个和18
个元素的各个周期。图51a位置较低的部分标注了一圈元素的另一面，它
们是稀土元素和锕系元素，这些元素不在正常的周期律之内。

现在，在对原子的形态有了一些了解之后，我们可以尝试回答一个
问题：在数不清的化合物复杂分子中，是什么力量让不同元素的原子结
合在一起的呢？例如，为什么钠和氯的原子会结合在一起，变成了餐桌
上盐的分子？我们可以从图52看到代表这两个原子的壳层结构的示意
图，其中氯原子的第三壳层只需要一个电子就可以填满整个壳层，而钠
原子的第二壳层填满后多出了一个电子，孤零零地在第三壳层中飘荡。
于是，两个原子间必然存在着一种倾向，让钠原子最外层的多余电子跑
到氯原子那里，填进未满的壳层。由于这种电子转移，钠原子失去了一
个带负电荷的电子而带正电荷，氯原子则带上了负电荷。在静电的吸引
力之下，这两个带电原子（即人们说的离子）将结合在一起，形成一个
氯化钠分子，或者说普通的餐桌上盐的分子。同样的方式，最外电子壳
层缺少两个电子的氧原子将从两个氢原子那里各自"劫持"一个电子，
形成了水分子（H_2O）。无论在氧原子与氯原子之间，或者在氢原子和
钠原子之间，都没有相互结合的倾向，因为前面两种原子都希望得到
而不是送出电子，而后两种原子都希望送出而不是得到电子。

像氦、氩、氖和氙这样所有的壳层都全部填满的原子对自己的状态

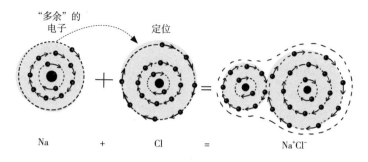

图52　代表钠原子和氯原子在氯化钠分子中的结合的示意

完全满意，不需要给出或者得到电子；它们情愿高傲地孤芳自赏，这让对应的元素呈化学惰性，因此被称为"惰性气体"。

　　我们将在下面讨论原子内的电子在人们统称"金属"的一批物质中所起的作用，以此结束我们关于原子与其电子壳层这一部分的讨论。金属物质与所有其他物质的不同之处在于如下事实：金属原子的最外壳层电子与原子的结合相当松散，经常会有一个电子逃逸成为自由电子。于是金属内部便充斥着大量不依附于任何原子的电子，它们像一群无家可归的人一样四处游荡。当一截金属丝受到施加在它两端的电力作用时，这些自由电子便在电力的驱动下定向运行，这就是我们说的电流。

　　自由电子的存在也是金属的热传导性能良好的原因，我们将在后面的某一章中再次提及这一主题。

6.微观力学与不确定原理

　　我们已经从上一部分中看到，原子带有围绕着原子核旋转的电子体系，它看上去与行星系统非常像，因此我们会很自然地认为，它会遵循

决定行星如何围绕太阳运动的同一种既定天文学定律。尤其是电学定律
与引力定律如此相似：在这两种情况下，吸引力的大小都与距离的平方
成反比，这自然会让人认为，原子中的电子必定会以原子核为一个焦
点，沿椭圆轨道运行（图53a）。

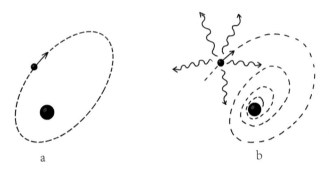

图53

然而，尽管人们做了许多尝试，都未能建立一个与原子内电子运行
一致的图像，能够说明它们的运动遵循那些描述我们行星系的运动规
律，甚至在不久前导致了一场人们始料未及的灾难，以致在一段时间
内，达到了似乎让物理学家们或者物理学本身发狂的地步。从根本上
说，这次的麻烦来自一项事实，即原子中的电子与太阳系中的行星不
同，它们是带有电荷的，而且，任何振动的或者旋转着的带电体的圆周
运动都一定会发出强电磁辐射，辐射会带走电子的一些能量，而且按
照逻辑推理，原子内的电子会沿着螺旋轨道逼近原子核（图53b），
并在轨道动能耗尽时落到原子核上。根据已知的电量和原子中的电子的
旋转频率，只需要相当简单的计算，就可以得知这一过程需要的时间。
结果表明，在亿分之一秒内，电子将失去它们全部的能量并与原子核
碰撞。

就这样，根据物理学家们目前拥有的最有效的知识与信念，与行星系相像的原子结构的生命应该在远远小于一秒之内完结，即刚刚诞生之际便遭遇命中注定的灭亡。

然而，尽管有这些物理学理论的预言，实验证明，原子体系确实非常稳定，原子中的电子一直逍遥自在地围绕着中心的原子核旋转，完全没有丢失任何能量，更没有任何崩溃的迹象！

怎么可能这样？为什么这些旧有的力学定律过去一直行之有效，应用在原子内的电子身上，竟然得出了与实验事实如此矛盾的结论？

为了回答这个问题，我们必须回到科学最基本的问题上，即科学本身的性质问题上。什么是"科学"？当我们说到有关自然现象的"科学解释"的时候指的是什么？

举一个简单的例子，我们不妨回想一下古希腊人关于"地球是平的"这一信念。我们几乎无法因为他们有这样的信念而多加指责，因为如果我们走出家门，来到一个空旷的原野上，或者扬帆出海，我们将亲眼看到这是真实的；除了偶尔出现的峰峦和山脉，地球的表面看上去确实是平的。"从一个给定的观察点看去，地球在我们目光所及的范围内是平的。"古人的错误不是这种说法本身，而是把这种说法延伸到实际观察的极限之外。而且，事实上，那些远远超出了传统界限之外的观察，如地球在月食的时候投在月球上的阴影，或者麦哲伦（Ferdinand Magellan）的环球旅行，都能立即证明这种延伸的错误。我们现在说，地球看上去是平的，这只是因为，我们能够看到的只是整个地球表面非常小的一部分。与此类似，如我们在第5章讨论过的那样，宇宙的空间或许是弯曲的，而且大小有限，尽管事实上，它看上去是平的，而且在有限的观察范围内其表面是无限的。

但是，我们发现的矛盾现象出现在对电子的机械行为研究上面，而电子是原子的一部分。上述的一切与这种矛盾现象又有什么关系呢？回答是，在这些研究中，我们也隐晦地假定，原子的运转完全遵循确定大型天体运动的同样定律，或者说，它们会遵循与我们在日常生活中习惯于打交道的"正常大小"的物体的运动规律，因此我们可以用同样的方式描述原子。事实上，我们熟悉的力学定律与概念是通过经验，为大小与人类相差不多的物质体建立的。同样的定律后来被用于解释大得多的物体运动，如行星和恒星。而我们在天体力学上取得了成功，它让我们能够以最大限度的准确性，计算数百万年以前或者之后的天文学现象，这让我们毫无疑问地认为，我们将这一套熟悉的力学定律加以推广，用以解释大型天体运动是行之有效的。

尽管我们的这套理论可以解释庞大的天体运动、炮弹的飞行轨道、钟摆的运动和玩具陀螺的转动，但是，与我们曾经接触过的最小的机械装置相比，电子的大小与重量都只不过是它们的亿万分之一。在这种情况下，我们如何能够保证我们的理论也可以应用在电子身上呢？

当然，我们没有任何理由，能够事先假定这些普通的力学定律一定会在解释原子的微小组成部分时注定失败；但是，在确实发生这样的失败时，我们同样也不应该过分大惊小怪。

出现与事实相矛盾的结论的原因，是我们试图用天文学家解释太阳系行星运动的方式来确定原子内电子的运动，所以我们必须首先考虑，是否可以通过改变经典力学的基本理念和定律，使之适用于尺寸极端微小的粒子。

经典力学的基本概念，是粒子运动的轨道和粒子沿着自己的轨道运行的速度。任何运动的物质粒子在任何给定时刻占据空间一个确定的位置，而且这个粒子在此之后的连续位置将形成一条连续的线，即其运动轨道；人们一直认为，这个命题是不证自明的，而且它是描述任何物质体运动的根本依据。一个给定物体在不同的时刻所在的位置之间的距离，除以与之对应的时间间隔，这就是速度的概念。一切经典力学都是围绕着位置和速度这两个概念建立的。直到最近，很可能根本没有任何科学家想到，用于描述运动现象的这些最基本的概念会有丝毫错误，而且哲学家们也习惯认为它们是确定的"先验"。

然而，运用经典力学定律描述微小原子系统内的运动惨遭失败，这说明，在这种情况下出现了根本错误，同时让人们越来越相信，这个"错误"已经延伸到了在经典力学上建立起来的基本想法。运动物体具有连续轨道、在任何给定的时刻都有明确的速度，这是基本的动力学理念；但当将其应用于描述原子内部的微小部分的运转方式时，它们似乎显得过于粗糙。简言之，事实最终证明，要想外推熟悉的经典力学理论，用它描述极小的质量体，我们就必须对它做出根本性的改变。如果经典力学的原有理念无法适用于原子世界，我们也无法认为，它们在描述较大的物质体时是绝对正确的。因此我们便得到了一个结论：我们只能将支持经典力学的原理视为对"真理"的一种非常好的近似，但把这种近似表达应用于远比其原有对象微小的体系中时便会失败。

通过对原子系统的力学行为的研究，以及通过建立所谓的量子物理学，人们向物质科学引入了新的元素。量子物理学的存在基于一个事实的发现：两个不同的物质体之间的任何相互作用都有某种下限，正是它推翻了有关运动物体轨道的经典定义。实际上，认为运动物体存在着准确的数学轨道，这就暗示着，有可能通过特定的物理学仪器记录这种轨道。然而，一定不能忘记，在记录任何运动物体的轨道时，我们都必定会干扰原有的运动；事实上，根据作用力与反作用力相等的牛顿定律，如果我们的运动物体会让记录它在空间的连续位置的测量仪器有所反应，那么仪器也会对这个运动物体有反作用力。如果能像经典物理学假定的那样，两个物质体（在现在的情况下是运动物体和记录其位置的仪器）之间的相互作用任意小，我们或许可以想象一种理想仪器，它的灵敏程度足以记录运动物体的连续位置，并且不会对运动产生任何实际上的干扰。

物质的相互作用存在下限，这一点从根本上改变了形势，因为我们再也无法认为能够在测量中做到实际不干扰物体的运动了。于是，由于观察引起了对运动的干扰，它变成了运动本身的组成部分，而且，我们谈论的已经不再是代表轨道的无限细的数学曲线，而是不得不用一个具有有限粗细的模糊带取而代之。在新力学看来，经典物理学的精确数学轨道变成了模糊的宽带。

我们通常称物质作用的最小值为作用量子，它的数值非常小，只在研究非常小的物体时才有重要意义。以一颗左轮手枪的子弹为例，尽管它的轨道确实不是一条准确的数学曲线，但这条轨道的"粗细"要比构成它的物质的任何一个原子尺度小得多，因而我们实际上可以假定它为零。然而，转而研究更轻的物体时，它会更容易受到来自运动测量的干扰影响，我们就会发现，它们轨道的"粗细"就会变得越来越关键。在原子内，电子围绕中心原子核旋转的情况下，轨道的粗细可以与它的直径相比，结果，它已经不能再以图53中的那种曲线来代表电子的运动了，我们只好用图54中表现的方式加以表达。在这样的情况下，粒子的运动无法用经典力学的熟悉方式描述，它的位置和速度都受到某种不确定状态的制约（海森伯[1]的不确定关系和玻尔[2]的互补原理）[3]。

---

1 海森伯（Werner Heisenberg, 1901—1976），联邦德国物理学家，量子力学创始人之一，获1932年诺贝尔物理学奖。——译者注
2 玻尔（Niels Bohr, 1885—1962），丹麦物理学家，获1922年诺贝尔物理学奖。——译者注
3 有关不确定关系更详细的讨论，读者可以参阅我的另一部著作：《物理世界奇遇记》（*Mr. Tompkins in Wonderland*）。

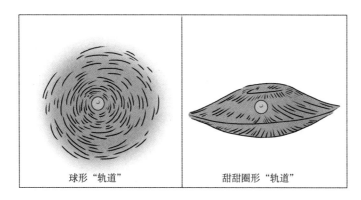

球形"轨道"　　　甜甜圈形"轨道"

图54 电子在原子内运动的微观力学图像

新物理学的这一惊人发展，把粒子的运动轨道和准确的位置与速度这类熟悉的理念丢进了纸篓，让我们陷入了迷雾中。如果不能在对原子中电子的研究里使用这些过去为人接受的基本原理，我们对它们运动的理解又该以什么为基础呢？为了顾及量子物理学的事实所要求的位置、速度、能量等的不确定性，我们必须用什么样的数学形式代替经典力学的方法呢？

我们可以通过考虑一个类似的状况来回答这些问题，这是光的经典理论领域曾经遭遇的状况。我们知道，在日常生活的观察中，大多数光现象都可以用"光是直线传播的"这一假定为基础加以解释。在确定光线的反射和折射的基本定律的基础上，不透明的物体形成的影子、在平面和曲面镜上的成像、透镜和各种更为复杂的光学系统的功能等，这些都可以很容易地得到解释（图55a，b，c）。

但我们也知道，人们曾以几何光学中的光线作为手段，试图证明光传播的经典理论。当光学系统中光路的几何尺寸与光的波长相当时，几何光学的方法遭受了严重的挫败。发生在这种情况下的现象即所谓的衍射现象，它完全超出了几何光学的范围。也就是说，当通过一个非常小

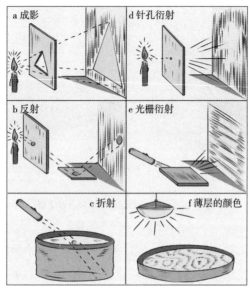

可以用光线解释的现象　　无法用光线解释的现象

图55

的小孔（0.0001厘米数量级）时，光束不会沿着直线传播，而是会分散形成独特的扇状形式（图55d）。当一束光落在表面刻蚀了大量平行窄线（"衍射光栅"）的镜子上时，它不再遵守我们熟悉的反射定律，而是向不同的方向投射，这些方向取决于刻蚀线之间的距离和入射光的波长（图55e）。我们也知道，当从漂浮在水面上的薄油层上反射时，光会形成独特的明暗条纹花样（图55f）[1]。

在这些情况下，"光线"的概念完全无法描述观察到的现象，我们必须转而认识到，光能量分布在光学系统占据的整个空间内。

很容易看出，光线概念应用于光学衍射现象上的失败，与机械轨道

1　即本章第二节中讲述过的油层衍射现象，其中的条纹呈彩色花样。——译者注

在量子物理学现象上的失败非常相似。正如我们无法在光学中建立一个无限细的光束一样，力学中的量子原理也不允许我们谈论运动粒子无限细的轨道。在这两种情况下，我们都必须放弃一切尝试，不再用声称某种事物（光或者粒子）会沿着某种数学线（光线或者机械轨道）传播的说法描述现象，而且不得不通过"某种事物"连续分布在整个空间的方式说明观察到的现象。在光学上，这个"某种事物"是光在不同点上的振动强度；在力学上，这个"某种事物"是位置的不确定新引入的概念，即在任何给定的时刻，在多个可能的位置的任意一个上（而不是一个预先确定的点上）找到运动粒子的概率。我们现在已经再也不可能在某个给定的时刻准确地叙述一个粒子在什么地方了，但能够通过叙述"不确定关系"的公式，用计算得出这样的叙述的极限范围。波动光学中有关于光衍射的定律，在新的"微观力学"或者"波动力学"（由德布罗意[1]和薛定谔[2]建立）中有关于机械粒子运动的定律，这两组定律之间存在的关系，可以淋漓尽致地通过表现这些现象类似性的实验予以说明。

斯特恩曾经研究过原子衍射现象，图56是他所用的装置示意图。一束以本章稍早时描述过的方法产生的钠原子被一块晶体表面反射。在这种情况下，晶格上形成的规则原子层对入射的粒子束具有衍射光栅的作用。实验人员用放在不同角度上的小瓶收集被晶体表面反射的入射钠原子，并仔细测量每个小瓶中收集的原子的数量。图56b中的虚曲线表示结果。我们看到，钠原子的反射并没有沿着一个确定的方向（像从一支小小的玩具手枪向金属板上发射的弹珠一样），而是在一个具有明确定义

1　德布罗意（Louis Victor de Broglie，1892—1987），法国物理学家，获1929年诺贝尔物理学奖。——译者注

2　薛定谔（Erwin Schrödinger，1887—1961），奥地利物理学家，量子力学奠基人之一，建立了薛定谔方程，获1933年诺贝尔物理学奖。——译者注

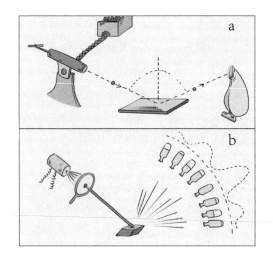

图56 a 可以用轨道概念解释的现象（弹珠在一块金属板上的反射）
b 无法用轨道概念解释的现象（钠原子在晶体上的反射）

的角度之内散布，形成了一个花样，与在普通X射线衍射中见到的非常
相似。

这类实验无法在经典力学的基础上解释，因为经典力学描述的是独
立的原子沿着确定轨道的运动，但可以通过新的微观力学的观点完美地
得到理解，因为后者考虑的是粒子的运动，它考虑粒子运动的方式与现
代光学考虑光波传播的方式相同。

7 现代炼金术

1.基本粒子

我们已经知道，各种化学元素的原子呈现了相当复杂的力学系统，其中有许多电子围绕着中心原子核旋转。这必然会让我们提出问题：这些原子核是否已经是物质不可分割的构建单元？或者说，我们还能够进一步把它分为更小、更简单的部分吗？是否有可能把所有92种不同类型的原子降解为几种真正简单的粒子？

早在19世纪中叶，这种化简的愿望便激励着一位名叫普劳特（William Prout）的英格兰化学家，他提出了一个假说，认为一切各不相同的化学元素的原子都有一个共同的本质，即它们只不过代表着氢原子不同程度的"浓度"而已。普劳特的假说基于一个事实，即在大多数情况下，用化学方法确定不同元素的原子量非常接近于氢原子量的整数倍。据此普劳特认为，氧原子量是氢原子的16倍，因此必定是16个氢原子聚在一起组成的；原子量是127的碘，是127个氢原子的聚合物；等等。

然而，当时的化学发现并不利于人们接受这个大胆的假说。人们精确地测量了原子量，结果证明，它们并不是准确的整数数值，在大多数情况下只是非常接近而已，何况还有几个离整数值相去甚远。例如，氯的化学原子量是35.5。这些事实在表面上与普劳特的假说直接矛盾，否定了他的意见，直到去世时，他都不知道自己的假说实际上多么正确。

1919年，英国物理学家F. W. 阿斯顿（Francis William Aston）[1]证明，普通的氯是两种不同类型的氯的混合物，它们的化学性质完全相同，却有不同的原子量：35 和37。直到这时，普劳特的假说才又重见天日：化学家们得到的35.5这个非整数数值只不过是混合物的平均值。[2]

对于各种化学元素的进一步研究揭示了惊人的事实，即大多数元素都是由几种化学性质完全相同但原子量却不同的成分组成的。人们把这样的成分命名为同位素，即占据了元素周期表上相同位置的物质[3]。不同的同位素的质量总是氢原子质量的整数倍，这一事实为普劳特被人遗忘的假说注入了生命。我们在前一章中提到，原子的主要质量集中在原子核中，因此可以把普劳特的假说用现代语言改写，即不同元素的原子核是由不同数量的基本氢原子核组成的，后者因其在物质结构中扮演的角

1　F. W. 阿斯顿（1877—1945），1922年诺贝尔化学奖获得者。——译者注
2　因为较重的氯占总数的25%，而较轻的占75%，因此平均原子量自然是0.25×37+0.75×35=35.5，与化学家们过去的发现完全相同。
3　来自希腊文ισος和τοπος，意思分别是相等和位置。

色而被命名为"质子"。

然而，上述说法还应该有一个重大的修正。以氧原子为例，氧是自然系列中第八号元素，它的原子中必定包含8个电子，它的原子核必定带有8个正基本电荷。但氧原子的质量是氢原子的16倍。所以，如果假定一个氧原子核是由8个质子组成的，我们将得到正确的电荷以及错误的质量（都是8）；而如果假定有16个质子，我们就会得到正确的质量和错误的电荷（都是16）。

非常清楚，解决困境的唯一方法，是假定组成复杂原子核的一些质子失去了它们原有的正电荷，变成电中性的了。

早在1920年，卢瑟福就提出存在着这样无电荷的质子，我们现在称之为"中子"。但过了12年，人们才发现了它们存在的实验证据。我们必须在这里指出，绝不能把质子和中子视为两类截然不同的粒子，而应该将它们看成同样的基本粒子，只是带电状态有所不同，现在我们将它们统称为"核子"。实际上，我们现在知道，质子失去正电荷即可转变为中子，而中子得到正电荷即可转变为质子。

作为原子构建单元的中子的引入，解决了我们在前面几页中讨论的问题。为了弄清楚一个氧原子有16个单位质量而只有8个单位电荷的原因，我们必须接受它是由8个质子和8个中子组成的这一事实。碘原子的原子量是127，原子序数是53，原子核中包含53个质子和74个中子，而铀的重原子核（原子量238，原子序数92）是由92个质子和146个中子组成的[1]。

就这样，在诞生将近一个世纪之后，普劳特的大胆假说最终得到了它应当获得的郑重承认，而我们现在可以说，不计其数的已知物质都只

---

1 通读原子量的列表，你将注意到，在元素周期表开始时，原子量等于原子序数的两倍，因此这些原子核含有等量的质子和中子。对于更重的元素，它们的原子量增加得更为迅速，这说明原子核中的中子多于质子。

是由两种基本粒子组成的：（1）核子，物质的基本粒子，可以是中子或者质子，它们有可能是电中性的，有可能带有正电荷；（2）电子，即自由负电荷（图57）。

图57

这里有几个来自《物质食谱大全》的菜谱，它们告诉我们，利用食材柜中丰富的核子与电子的储备，宇宙厨房是怎样烹饪一盘盘菜肴的。

水。炮制大量氧原子，让8个中子和8个带电核子结合为原子核，然后加上8个电子围绕着原子核。接着炮制两倍数量的氢原子，方法是让单个电子与单个带电核子结合。在每一个氧原子上加上两个氢原子，把这样得到的水分子混合在一起，放在大玻璃杯中，作为冷饮上桌。

食盐。炮制钠原子，每个钠原子核由12个中子与11个带电核子结合，并配上11个电子。炮制同样数量的氯原子，每个氯原子核由18或20个中子（不同的同位素）与17个带电核子组成。将钠原子和氯原子按照三维棋盘模式安排，形成正常的盐晶体。

TNT炸药。炮制碳原子，将6个中子和6个带电核子结合成为原子核，每个原子核配6个电子。用7个中子与7个带电核子制成一个氮原子核，每个原子核配7个电子。按照前文述及的方法炮制氧原子和氢原子。让6个碳原子结成一个环，另在环外放1个碳原子，并与环上的1个碳原子相连。将3个氮原子分别与环上的碳原子相连，然后把一对氧原子与氮原子连接。在环外的碳原子上连接3个氢原子，空置的2个碳原子各连上1个氢原子。有规律地安排分子，让它们形成花样，组成大量小晶体，然后把这些晶体压到一起。小心地处理这种物质，因为它的结构不稳定，爆炸性极强[1]。

正如我们刚刚看到的那样，尽管中子、质子和负电子是构建任何物质的必须建筑材料，但这个基本粒子的名单似乎还有些不完整。事实上，如果普通的电子代表着自由负电荷，我们为什么不可以也有自由正电荷，也就是说正电子呢？

而且，如果一个显然代表着物质基本单位的中子可以接受一个正电荷变成质子，那它为什么不可以带负电荷，成为负质子呢？

回答是：自然界中实际上确实存在着正电子，它和普通的负电子非常相像，唯一的差别是携带着不同符号的电荷。而且负质子也有几分存在的可能性，尽管还有待实验证实[2]。

正电子和负质子（如果有的话）在我们的物质世界中远比负电子和正质子少见，其原因可以这样解释：正负电子和正负质子这两对粒子之间敌意太深。人人都知道，如果一正一负两个电荷相遇，它们会相互抵消。于是，由于这两种电子仅仅代表着正电荷和负电荷，因此我们认为

1　译文对原文的叙述略有改动，如氮原子应该首先与苯环上的碳原子相连，然后加入两个氧原子。——译者注
2　负质子现在的正式名称为反质子，是质子的反粒子，已于1955年经实验证实存在。——译者注

它们不会在空间的同一区域内共存。事实上，一旦一个正电子与一个负电子相遇，它们的电荷会立即抵消，两个电子也不会继续作为单独的粒子存在。然而，两个电子的这种共同湮灭过程将产生强烈的电磁辐射（γ射线），并从两个粒子相遇的地方逃逸，携带着两个消失粒子的原有能量。根据物理学的一项基本定律，能量既不能被创造也不能被毁灭，我们在这里见证的只不过是自由电荷的静电能向辐射波的电动能的转化。玻恩（Max Born）[1]教授将正负电子相遇产生的现象描述为"狂野的婚姻"，而更为阴郁的T. B. 布朗（T. B. Brown）教授则称其为两个电子的"同时自杀"。图58a是对这一相遇的图解说明。

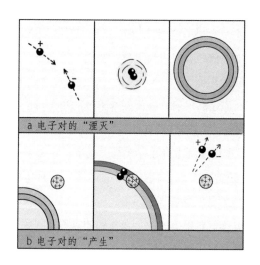

图58 放出一道电磁波的两个电子的"湮灭"过程图解，以及在接近一个原子核时"产生"一个电子对的波动的图解

1　玻恩（1882—1970），物理学家，获1954年诺贝尔物理学奖。——译者注

两个带有相反电荷的电子的"湮灭"过程也对应着一个电子对"形成"的过程，一个正电子和一个负电子因为强 γ 射线的出现而看上去无中生有地诞生。我们说"看上去"无中生有，是因为每当有这样的电子对诞生时，这一过程都会以消耗 γ 射线提供的能量为代价。实际上，辐射为了创造电子对所必须给出的能量与湮灭过程释放出来的能量是完全相等的。这一电子对的形成更容易在入射辐射经过某个原子核的邻域时发生[1]，这一过程的图解见图58b。我们在这里有一个带有相反电荷的电子对形成的例子，那里本来完全没有任何电荷。其实，这样一个过程没有什么特别怪异的地方，因为有一个我们熟悉的实验，一根硬橡胶棒和一块皮毛在相互摩擦之后带有不同的电荷，电子对诞生的过程不见得比这个实验更令人吃惊。只要有足够的能量，我们想要多少正负电子对就能创造多少，但遗憾的是，相互湮灭的过程很快就会让它们重新归于虚无，归还我们原来消耗的"全部"能量。

"宇宙线簇射"是这种"大规模制造"电子对的一个非常有趣的例子，它是星际空间中向我们飞来的高能粒子流进入地球大气时产生的。在无边的宇宙虚空中，这种向四面八方乱窜不止的粒子流的来源还是一个科学上的不解之谜[2]，但我们对于电子以可怕的速度冲击大气上层会造成何种后果有着相当清楚的想法。当在距离形成大气的原子的原子核很近的地方经过时，初始的高速电子原有的能量逐步减少，这些能量沿着它的轨迹以 γ 辐射的形式放出（图59）。这种辐射造成了许多电子对穿

1　尽管原则上电子对可以在完全的真空中产生，但它们的形成过程会因为原子核周围的电场而变得大为容易。

2　这些高能粒子以光速的99.999 999 999 999 9%运动，对它们，我们有一个最不起眼的，但或许是最有可能的解释，即假定这些粒子受到在宇宙空间飘浮的庞大气体与尘埃云（星际星云）之间存在的非常高的电势差的加速。事实上，我们可以预期，这样的星际星云将以一种类似于我们的大气中的普通雷雨云那样的方式聚集电荷，从而创造极高的电势差，远远高于在雷暴中造成闪电的电势差。

凿的过程，新形成的正负电子对追随着初始粒子的轨迹前进。这些次级电子仍然有很高的能量，它们能够进一步产生 γ 辐射，这些辐射又进一步产生更多的新电子对。这种连续增殖的过程在穿过大气的过程中多次重复，以至于在最后到达海平面时，初始电子伴随着一大簇次级电子，其中一半带正电荷，另一半带负电荷。不言而喻，这样的宇宙线簇射也可以在高速电子穿过庞大的物质体时产生，而且那里的物质密度更高，所以这一过程会以更高的频率分叉（全页插图ⅡA）。

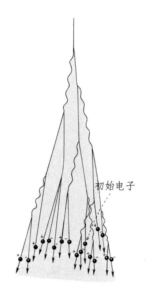

初始电子

图59 宇宙线簇射的来源

现在让我们转而注意考虑负质子存在的可能性。我们应该预期，这类粒子可能会通过中子得到负电荷形成，或者也可以通过失去正电荷形成。很容易理解的是，在任何普通的物质中，这样的负质子存在很长时间的机会不会大于正电子。事实上，它们会立即受到距离最近的带有正电荷的原子核吸引并吸收，而且最大的可能性是，在它进入原子核的结构之后重新变成中子。所以，如果这样的质子确实存在，它们会对现有的基本粒子图像的平衡做出贡献，但要发现它们也绝非易事。请记住，在正常的负电子概念引入科学差不多五十年后，人们才发现了正电子的踪迹。假定负质子可能存在，我们可以预期，存在着某种我们可以称之为处于逆反状态的原子和分子。它们的原子核是由正常的中子和负质子构成的，周围环绕着各个壳层的正电子。这些"逆反"的原子将与正常原子的性质完全一样，我们完全无法看出逆反水、逆反奶油等跟同样名字的正常物质的差别。没有办法区分它们，除非我们把正常物质和"逆反"物质放到一起。然而，一旦两种相反的物质正面相逢，电荷相反的电子的相互湮灭过程将和电荷相反的核子的相互中和过程一起立即发生，而这个混合物将以超过原子弹爆炸的威力爆炸。据我们所知，或许存在着我们之外的星际系统，它们全是以这样的逆反物质构建的，在这种情况下，任何从我们的系统投向以另一种方式构建的系统的石头，或者来自对方的石头，都将在它落地的瞬间成为一颗原子弹。

这些有关逆反原子的猜测多少有些幻想成分，我们此刻必须离开，并考虑另外一种基本粒子。它们很可能同样不寻常，却具有实际参与各种可观察的物理过程的优点。它们就是所谓的"中微子"，是走"后门"进入物理学的，而且，尽管在许多地方都有"愚蠢者在狂呼"着反对它们，但现在却在基本粒子家族中占据了牢固的地位。它们的发现和认识，是现代科学最令人兴奋的侦探故事之一。

中微子的存在是用一种数学家称之为"归谬法"的方法发现的。这个令人兴奋的发现一开始并不是由于有什么东西存在，而是因为有什么东西缺失。缺失的东西就是能量，根据物理学历史最悠久、最牢固的定律之一可知，能量既不能被创造也不能被摧毁，因此，应该在的能量却不在，这一发现说明必定有一个贼或者一伙贼把能量偷走了。就这样，一些科学侦探具有这类理性头脑而且热衷于起名字，他们就为这些他们见所未见的事物命名，称这些能量盗窃者为"中微子"。

但这是故事开始一段时间之后的事情了。让我们先看看这个"能量盗窃"惊天疑案的线索：正如我们所见，每个原子的原子核都由核子组成，它们中大约一半是电中性的中子，另一半是带有正电荷的质子。如果向原子核内额外加入一个或者几个中子或者质子[1]，打破中子和质子相对数目之间的平衡，那么就必须做出电荷调整。如果中子实在太多，其中有一些就会释放出一个负电子转变为质子，而负电子会离开原子核。如果质子太多，其中有一些会释放出正电子转变为中子，正电子离开原子核。图60说明了这两种过程。人们通常称原子核内这样的电荷调整为 β 衰变，而称从原子核中释放出的电子为 β 粒子。因为原子核的内部转变是一个具有明确定义的过程，它必定总是会释放出确定数量的能量，并且把这部分能量给予出射电子，以此作为它们的动能。因此我们可以推断，由某种物质发射的所有 β 电子都会以同样的速度运动。然而，通过实验观察得出的结论与这个推断完全相反。人们实际上发现，给定物质发射的电子具有从零到某个上限的不同动能。因为这个过程不牵涉其他粒子，其间也没有能够平衡这一偏差的辐射，因此，β 衰变过程中发生的"能量失踪案"事关重大。有一段时间人们相信，这是说明著名的能量守恒定律是错误的第一个证据，而这将是整个物理学理论精致建筑物的大灾难。但还有另一种可能性，即失踪的能量或许被某种新粒子带走了，而我们的任何一种观测方法都未能检测其逃逸。泡利（Wolfgang Pauli）[2]提出，一种叫作中微子的假想粒子可能扮演了这种核能的"巴格达窃贼"的角色。这批"窃贼"不带电荷，质量低于普通的电子。其

1　可以通过本章稍后描述的核轰击法做到这一点。
2　泡利（1900—1958），奥地利物理学家，量子力学研究的先驱者之一，因泡利不相容原理获得1945年的诺贝尔物理学奖。——译者注

实，根据高速粒子和物质之间相互作用的已知事实，我们可以从中得出结论：轻粒子确实无法被任何现存的物理学装置检测，它们能够毫无问题地穿过任何屏蔽物质的层层封锁。所以，尽管可见光可以用金属箔完全阻挡，几英寸厚的铅层可以有效地削弱穿透能力相当高的X射线和γ射线的强度，但一束中微子会毫无困难地穿透几光年厚的铅层！它们无疑没有受到任何可能的观察方法的检测，而只是由于逃逸时发生的能量亏空才暴露了行踪。

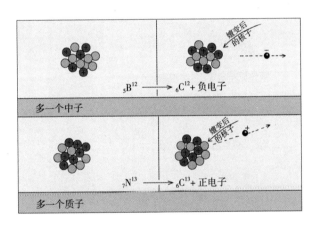

图60　发射负电子与正电子的β衰变过程（为便于表达，所有核子都画在一个平面上）

这些中微子一旦离开了原子核，我们就无法抓住它们，但有一种方法可以研究它们的离开造成的次级效应。用步枪开火的时候，枪身会向后撞击你的肩膀，而一门大炮在发出一颗重型炮弹时，炮身会沿着炮架后退。原子核发射高速粒子时，人们预期会发生同样的力学上的反冲效应，而且，实际上也确实观察到，发生β衰变的原子核总是会有与发射电子方向相反的速度。然而，通过观察事实发现，这种原子核反冲具有独特的性质，即无论发射的电子速度或快或慢，原子核的反冲速度总是相同的（图61）。这似乎非常奇怪，因为我们自然会预期，与比较慢的炮弹相比，速度快的炮弹会让大炮产生更厉害的反冲。对这个谜的解释在于一个事实，即在发射电子的同时，原子核总是会同时发射一个中微子，它将携带剩下的能量。如果电子运动得很快，它就会带走大部分能量，中微子的速度就比较慢；反之亦然。所以，由于两个粒子的共同作用，人们观察到的原子核的反冲总是比较强。如果这种效应都无法证实中微子的存在，那就不会有任何东西能够证实了！

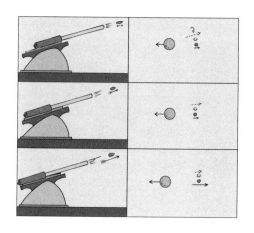

图61　大炮与核物理的反冲问题

　　我们已经做好了准备，可以总结前面的讨论结果，并提出一份参与创建宇宙的所有基本粒子的名单，并叙述它们之间存在的关系。

　　首先我们有核子，它们是基本的物质粒子。根据我们当前拥有的知识，它们可以是电中性的，也可以是带有正电荷的，并且不排除会出现带有负电荷的核子。

　　然后我们有电子，它们是带有正电或者负电的自由电荷。

　　我们还有神秘的中微子，它们不带电荷，而且据推测，它们的质量远小于电子。[1]

最后还有电磁波，它负责让电力和磁力在真空中传播。

所有这些物质世界的基本成分相互依赖，能够以不同的方式结合。一个中子可以通过发射一个负电子和一个中微子变成质子（中子→质子+负电子+中微子）；而一个质子可以通过发射一个正电子和一个中微子再次变成中子（质子→中子+正电子+中微子）。两个带有相反电荷的电子可以变成电磁辐射（正电子+负电子→辐射），电磁辐射也可以逆向生成电子对（辐射→正电子+负电子）。最后，中微子可以与电子结合，形成在宇宙射线中观察到的不稳定单元，人称介子，它的另一个很不正确的名字是"重电子"（中微子+正电子→正介子；中微子+负电子→负介子；中微子+正电子+负电子→中介子）。

中微子和电子的结合载有大量的内能，其质量达到了组成它们粒子质量之和的大约一百倍。

图62说明了参与构建宇宙的各种基本粒子。

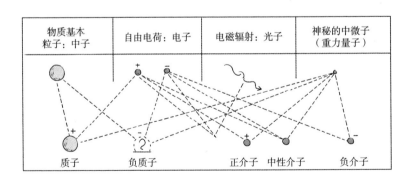

图62　现代物理学基本粒子与它们之间相互结合的图表

1　有关这一课题的最新实验证据说明，一个中微子的重量不会超过一个电子的十分之一。

"这就到头了吗？"你或许会问，"我们有什么资格假定核子、电子和中微子真的是基本粒子，无法进一步细分为更小的组成部分？在半个世纪之前，人们不还假定原子是不可分割的吗？而今天，它们给我们呈现了何等复杂的图像啊！"我们的回答是：当然，尽管无法预言物质科学的未来发展，但我们有非常可靠的理由，相信我们的基本粒子实际上是宇宙的基本单元，它们是无法继续分割下去的。人们当时就知道，据称不可分割的原子表现了大量相当复杂的化学性质、光学性质和其他性质，而现代物理学中的基本粒子的性质极为简单；事实上，它们的简单程度可以与几何点的性质相比较。而且，经典物理学中有大量"不同的原子"，而我们现在只剩下了区区三种本质不同的东西：核子、电子和中微子。科学家们虽然有着极大的求知欲，也尽了最大的努力来将每一种事物简化为最简形式，但也无法把事物降解为虚无。所以，我们的搜索看起来真的已经到底了，达到了组成物质的最基本元素的程度。[1]

2.原子的心脏

既然已经完全熟悉了参与构建物质结构的基本粒子的本质和特性，现在我们可以回头研究每个原子的心脏——原子核更详细的情况了。尽管在某种程度上，原子的外层身体结构可以与微型的行星系相比，但原

1　这是科学家们在这本书书写的时代的一般观点，但随着当代物理学的发展，人们对基本粒子的认识已经远远超出了这个层次。在物理学的标准模型涵盖下，基本粒子分为费米子（包括夸克和轻子）和玻色子（包括规范玻色子、胶子和希格斯粒子）。这些是已经由实验证实了的基本粒子，但为了解释实验现象，科学家们认为还存在着各种基本粒子的超对称粒子，另外还有在假想中存在的粒子等。——译者注

子核本身的结构却呈现出完全不同的图像。首先，很清楚的是，将原子核聚集在一起的力不带有纯粹的电性质，因为核子的一半是中子，它们是不带任何电荷的，而另外一半是质子，它们只带正电荷，因此相互排斥。如果除了排斥力别无其他，那么不可能得到一组稳定的粒子！

所以，为了理解原子核的各个组成部分为什么能够聚集在一起，我们必须假定，它们之间存在着另外一类本质上是吸引的力，它能够作用在不带电荷的核子身上，也能作用在带电荷的核子身上。这样不区分有关核子性质而让它们聚集在一起的力统称"凝聚力"，这种力就像普通的液体中会有的力，阻止单个分子向四面八方分散[1]。

在原子核中也有类似的凝聚力，它在不同的核子之间作用，阻止原子核在质子之间的电排斥力下分崩离析。于是，电子在原子的外层组成不同的壳层，它们在那里有足够的空间运动；与此相反，原子核内部的图像是：核子像沙丁鱼罐头里的鱼一样挤在一起。本书作者第一个提出，我们可以假定，原子核中的物质是完全按照普通液体的形式构建的。正如普通液体的情况一样，这里也存在着重要的表面张力现象。我们或许还记得，液体表面张力的现象是：液体内部的粒子受到相邻粒子各方向相等的拉力，而位于表面的粒子只受到来自内部的拉力（图63）。

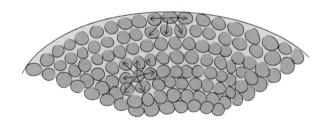

图63　对液体表面张力的解释

1　作用在核子之间的力现在叫"强相互作用"。——译者注

　　这就让任何不受外力作用的液滴具有形成球体的倾向，因为在等体积的一切几何形体中，球体的表面积最小。因此，我们得出结论：可以将不同元素的原子核简单地视为由一种"核流体"组成的大小不同的液滴。但不要忘记，这种核流体虽然与普通的液体非常相似，但在定量上却非常不同。事实上，它的密度是水的密度的240万亿倍，而它的表面张力大约是水的表面张力的1×10^{18}倍。为了让这些大得不可思议的数字更容易理解一些，可以考虑下面的例子。假定我们有一根倒U字形的金属线框架，框架上横放一根金属丝做的横梁，形成边长约2英寸的正方形。这个正方形表面上有一层肥皂膜（图64）。膜的表面张力会把横梁向上拉。我们可以用在横梁上挂一个小重物的方法抵消表面张力。如果这层膜是在水里面加点肥皂的普通肥皂泡，其重量应该约为1/4克，可以支持大约3/4克的总重量。

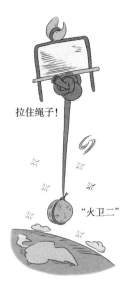

拉住绳子！

"火卫二"

图64

现在，如果有可能用核流体做一张类似的膜，这层膜的总重量将是5千万吨（大约为1000艘大洋邮轮的总重量），我们可以在横梁上悬挂一个大约1万亿吨的重物，大致相当于火星的第二颗卫星"火卫二"的质量！我们必须有非常强大的肺，才能吹出一个用核流体做成的肥皂泡！

在把原子核视为核流体的小液滴时，我们一定不能忽视一个重要的事实，即这些液滴是带有电荷的，因为构成原子核的大约一半的粒子是质子。在核子的组成粒子之间的静电斥力要把原子核撕成两半或者更多部分，这种力受到想要维持原子核整体的表面张力的对抗。让原子核不稳定的主要原因就在这里。如果表面张力占优势，原子核本身永远不会崩溃，而两个相互接触的原子核将会和两个液滴一样，有聚合的倾向。

反过来说，如果静电斥力占了上风，原子核将有自发分裂为两块或者更多块高速飞离的碎块的倾向；我们通常称这样一个分裂过程为"裂变"。

有关不同元素的原子核内的表面张力和静电排斥力的准确计算是玻尔和惠勒（John Archibald Wheeler）于1939年做的。他们从中得到了一个极为重要的结论，即在元素周期表前一半的元素的原子核中（大约一直到银），表面张力占上风，而在更重的原子核中都是静电排斥力占优势。所以，从原则上说，一切比银重的元素都是不稳定的，在外界足够强的刺激下会分裂为两个或者更多个碎片，同时释放相当大的核内能（图65b）。与此相反，当原子量之和不超过银原子的两个轻原子核非常接近的时候，就可能会出现自发的聚变过程（图65a）。

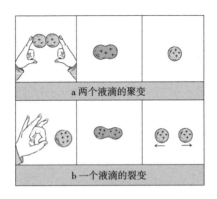

图65

　　然而，必须记住，除非我们对原子核做点什么，否则，无论是两个轻原子核的聚变还是一个重原子核的裂变通常都不会发生。事实上，为了使两个轻原子核聚变，我们必须克服电荷之间作用的静电排斥力，它们才能靠到一起；而为了强迫一个重原子核完成裂变过程，我们必须猛烈敲击它，让它以足够大的振幅振动。

　　如果没有初始的激励，物质不会开始某项过程，人们称这种状态为亚稳态，例如悬崖上摇摇欲坠的岩石，你口袋里的火柴或者炸弹里装填的TNT炸药。在每一种情况下，都有相当多的能量在等待时机释放，但岩石不受外力作用就不会掉下来；火柴除非与你鞋底或者其他东西摩擦受热，否则就不会燃烧；TNT除非用雷管起爆，否则就不会爆炸。我们生活在这样一个世界里，除了亮晶晶的银币，其他物质都是潜在的核爆原料[1]，但之所以到现在我们还没有尸骨无存，是因为引发核反应极为困难。或者，用更科学的话来说，激发核反应需要极高的活化能。

1　要记住，银原子核既不会聚变也不会裂变。

说到核能，我们现在正生活在（或者直到不久前还生活在）如同某个因纽特人生活的环境中。对因纽特人来说，这是一个冰点以下的寒冷世界，仅有的固体是冰，仅有的液体是酒精。这个因纽特人从来没有听说过火，因为摩擦两块冰是不会起火的；他只会认为酒精是一种令人高兴的饮料，因为他没有办法把温度提高到酒精的燃点。

但在不久之前，人类发现了如何释放隐藏在原子内部的庞大能量，这一发现带来的巨大困惑可以与因纽特人第一次看到普通酒精灯燃烧时的震惊相比。

一旦克服了引发核反应的困难，它所带来的结果就配得上所有这些努力了。我们可以取相等数目的氧原子和碳原子为例，按照如下反应方程式令其结合：

$$O+C \rightarrow CO + 能量，$$

每克这些物质的混合物将为我们提供920卡[1]的热量。

但如果我们不让这两种原子物种以普通的化学方式结合（分子聚合）（图66a），而是让它们的原子核用一种炼金术的方式（核聚变）结合（图66b）的话：

$$_6C^{12} + _8O^{16} = _{14}Si^{28} + 能量，$$

则每克混合物释放的能量将是140亿卡，是化学方法的1500万倍。与将复杂的TNT分子分解为水、一氧化碳、二氧化碳和氮分子（分子聚合）释放的大约每克1000卡能量相比，以同等重量的水银为例，如果经历核裂变，它总共将释放100亿卡能量。

---

[1]　卡或者卡路里是热量的单位，其定义为将1克水的温度提高1摄氏度所需要的能量。

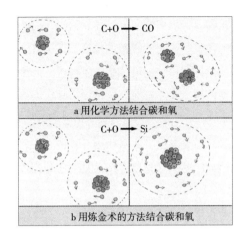

图66

　　然而，不要忘记，尽管绝大多数化学反应会很容易地在几百度的温度下发生，但对应的核反应不到几百万度根本不会发生！爆发核反应如此困难，这让我们可以高枕无忧地睡个好觉，不必担心整个宇宙会发生惊天大爆炸，一切物质都变成白银。

3.粉碎原子

　　原子量是整数值，这是支持原子核处于复杂状态的一个非常强有力的论据，但要真正证实这一点，人们必须拿出直接的实验证据，将一个原子核击碎成两个或者更多的碎片，才能最终证明这种复杂性。

　　说明这样的粉碎过程确有可能的第一个迹象是在1896年，贝可勒尔

（Henri Becquerel）[1]发现了放射性。这实际上表明，某些接近周期表终端的元素如铀和钍等的原子会缓慢地自发衰变。人们对这些新发现进行了仔细的实验研究，很快就得出了结论：重原子核的衰变通常将产生两个不同的部分，其一是一个较小的片段，人称α粒子，其实就是氦的原子核；其二则是原来的原子核剩余的部分，是产生的"子元素"的原子核。原有的铀核在破碎时发射α粒子，由此形成的子元素（人称铀X_1）的内部发生了电重组，发射出两个普通的自由负电子，变成了铀的同位素的核，它要比原来的铀核轻4个单位。在这个电荷调整之后还有一系列α粒子的发射和随之而来的电荷调整，最后的产物是铅原子的原子核，它看上去是稳定的，不会再衰变了。

人们在另外两个放射性家族中也观察到了类似的放射衰变，其中α粒子的发射和电荷调整交替进行，其一为钍家族，从重元素钍开始；其二为锕家族，从人们叫作锕铀的元素开始。这三个家族的自发衰变过程一直持续到只剩下铅的三种不同的同位素为止。

前面已经讨论了，元素周期表中所有下半段元素的原子核应该都不稳定，因为起破坏作用的静电排斥力压倒了维持核整体的表面张力。求知欲强的读者很可能会很吃惊，如果银以后的元素都不稳定，为什么我们只观察到了几种最重的元素，如铀、钍和锕的自发衰变呢？对此的回答是：从理论上说，我们必须将一切比银重的元素视为放射性元素，它们实际上会缓慢地通过衰变转变为较轻的元素。但在大多数情况下，这种自发衰变发生得如此缓慢，以至于我们完全无法注意到它们的存在。我们熟悉的元素如碘、金、汞、铅等，它们的原子核或许会以几个世纪内破碎一两个的速率发生，慢到就连最精密的物理学仪器也无法检测的

1　贝可勒尔（1852—1908），法国物理学家，因发现自发放射性现象与居里夫妇一同获得1903年的诺贝尔物理学奖。——译者注

程度。只有那些最重的元素，它们自发分裂的倾向达到了足够强的程度，发生了我们能够注意到的放射性现象[1]。这种相对转化率也决定了某种不稳定的原子核的破碎方式。例如，铀的原子核可以以许多不同的方式衰变：它可以自发分裂为两个相同的部分，或者成为三个相同的部分，或者成为大小颇有差别的多个部分。然而，它最容易发生的分裂方式是成为 α 粒子和剩余的重核，而这也是它的衰变通常以这种方式发生的原因。人们已经观察到，铀核自发分裂为质量相等的两半的概率很可能只有分出一个 α 粒子概率的百万分之一。也就是说，尽管1克铀中每秒有大约一万个原子核通过发射 α 粒子而分裂，但我们必须等上几分钟，才能看到一次原子核自发分裂成为相等的两半的裂变过程！

　　放射性现象的发现以无可争辩的方式证明了原子核结构的复杂性，为以实验方法人工制造（或者诱导）核嬗变铺平了道路。于是出现了这样一个问题：在原子核很重也不稳定的情况下，元素可以自行衰变；但对其他稳定的一般元素来说，我们是否可以用能量足够高的高速运动核炮弹轰击它们，打碎它们的原子核呢？

　　有了这种想法之后，卢瑟福决定把各种普通元素的稳定原子置于猛烈的炮火轰击之下。他用的是来自自发衰变的不稳定放射性原子核的核碎块——α 粒子。卢瑟福在1919年的第一批核衰变实验中使用了图67所示的仪器，与当今几所物理实验室中使用的巨型原子粉碎机相比，他的仪器简陋至极。这台仪器有一个圆筒形真空容器，上面带有薄层荧光材料制成的窗口c，起荧光屏的作用。作为 α 粒子炮弹源的放射性材料涂在金属板a上，轰击目标（这次用的是铝）是薄金属箔。安放靶标的原则是：任何击中靶标的 α 粒子都会镶嵌在它上面，不会打到荧光屏上产生

1　例如，在每克铀中，每秒都会有几千个原子衰变。

发光效应。这样一来，除非受到来自靶标物质上因轰击而产生的次级粒子的影响，否则荧光屏上将毫无光亮。

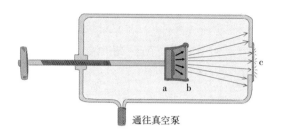

通往真空泵

图67　原子是怎样第一次被击碎的

　　一切仪器与材料就位之后，卢瑟福通过一台显微镜注视荧光屏，几乎毫无疑问的是，绝不会有任何人认为他看到的荧光屏是黑暗的。整个屏上到处活跃着一簇簇小小的发光点！每一个发光点都是因质子与荧光屏材料的撞击产生的，每一个质子都是被一个入射 α 粒子从一个铝原子中轰击出来的。于是，元素的人工嬗变从理论上的可能性成为了科学上的既定事实。[1]

　　卢瑟福这一经典实验之后的几十年间，元素人工嬗变的科学成了物理学中最大、最重要的分支之一，无论在为轰击原子核产生高速轰击粒子，还是观察得到的结果方面，科学家们都得到了巨大的成功。

　　能够让我们用自己的眼睛看到轰击核粒子在几种原子核上产生效果的最理想仪器非"云室"莫属。因其发明者为威尔逊（Charles Thomson Rees Wilson）[2]，又称"威尔逊云室"。图68说明了威尔逊

1　上述过程可以以如下核反应式表示：
$$_{13}Al^{27} + _2He^4 \rightarrow _{14}Si^{30} + _1H^1。$$
2　威尔逊（1869—1959），英国原子物理学家，1927年获得诺贝尔物理学奖。——译者注

云室的原理，其操作基于如下事实：在通过空气或者任何其他气体时，像 α 粒子这类高速运行的带电粒子会对它们轨迹上的原子造成某种扭曲。这些粒子的强电场会让它们轨迹上的气体原子电离，即击出一个或多个电子，而留下大量离子化的原子。这种状态不会长时间持续，因为轰击粒子过去之后，被电离的原子会捕获电子，回归正常状态。但如果这种发生电离的气体充满了水蒸气，那么每个离子周围都会形成微小的水珠，水蒸气的一个性质是，它倾向于在离子、尘埃粒子等事物周围聚集。所以，在轰击粒子的轨迹上便出现了一道纤细的雾痕。换言之，任何带电粒子在气体中运动的轨迹都可以通过这样的方法变得肉眼可见，如同拖着尾烟的飞机。

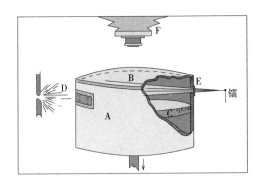

图68 威尔逊云室图解

从技术上说，云室是一种非常简单的装置，主要由带有玻璃罩B和活塞C的金属圆筒A组成。活塞可以在图中未画出的装置的带动下上下移动。玻璃罩和活塞表面之间的空间充以正常大气压下的空气（如果需要，可以用任何其他气体代替），空气中包括数量可观的水蒸气。在一些轰击粒子通过窗口E进入云室后，如果活塞立即快速向下运动，活塞上方的空气就会变冷，水蒸气会开始凝结，沿着轰击粒子的轨迹显现稀薄的雾痕。受到边窗D射入的强光照射，雾痕在活塞黑色表面的映衬下可以清楚地观察到，或者可以用与活塞连动的照相机F拍照。这种简单的装置是现代物理学中最有价值的仪器之一，能够让我们获得有关核轰击结果的优质照片。

　　我们自然也希望设计出能在强电场中加速各种带电粒子（离子），使之形成强大的粒子束的方法。除了不必使用稀有且昂贵的放射性材料之外，这样的方法能够让我们使用其他不同类型的轰击粒子（如质子），并得到高于普通放射性衰变提供的动能，能够产生强大的高速轰击粒子束的机器包括静电发生器、回旋加速器和线性加速器。我们分别在图69、图70和图71中以图解和简短说明介绍了它们的操作原理。

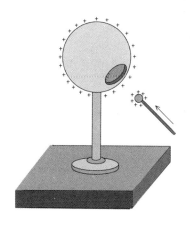

图69　静电发生器原理

　　我们都知道，根据基本物理学，传递给球形金属导体上的电荷会分布在它的表面上。因此，我们可以通过球上的孔洞，把一个带有少量电

荷的小型导体带到球内，并从内部与球表面接触来为它充电，这会让导
体上带着的电荷越来越多，最后在这个导体上得到我们想要的任意高的
电势。实际操作中使用的是传动皮带，使之通过孔洞进入球形导体，并
带入利用小型变压器产生的电荷。

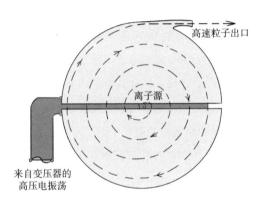

图70　回旋加速器原理

回旋加速器主要由放置在强磁场内（垂直于画面）的两个半圆形金
属盒子组成。这两个盒子与一台变压器相连，交替用正电与负电充电。
来自中心离子源的离子将在磁场内按照圆形轨道运行，每当它们从一个
盒子进入另一个盒子时便被加速。运动速度越来越快的离子将沿着逐渐
变大的螺旋线飞行，最后以非常高的速度飞出加速器。

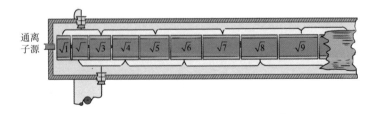

图71　线性加速器原理

线性加速器由一些长度递增的圆筒组成，用变压器让它们交替带有正电荷与负电荷。通过其中存在的电势差，从一个圆筒进入下一个圆筒的离子被逐步加速，这让它们的能量以某个给定数值依次增加。因为离子的速度与能量的平方根成正比，如果这些圆筒的长度与连续整数的平方根成正比，这些离子将与交变电场同相。只要这种系统足够长，我们可以将离子加速到我们想要的任何速度。

使用上面描述的各种电动加速器来得到各种强大的轰击粒子束，并引导这些粒子束轰击以各种物质制成的靶标，我们可以造成许多核嬗变，并方便地利用云室照片研究。我们在全页插图Ⅲ和Ⅳ中展示了一些不同核嬗变的过程。

第一张这种类型的照片是由P. M. S. 布莱克特（Patrick Maynard Stuart Blackett）在剑桥大学拍摄的，其中是天然的α粒子束通过充满氮气的云室[1]。我们首先可以在照片中看到，这些雾痕都有确定的长度，其原因是：粒子在气体中穿过，动能越来越低，最终会停下来。照片中有两条雾痕长度不同的轨迹，对应两种不同的α粒了发射源，分别为钍的同位素Th C和Th C'。我们可以注意到，总的来说，雾痕很直，但尾部出现了明显的偏转，这是因为粒子在那里失去了大部分初始动能，很容易受到路径上与它非直接相撞的氮原子核的影响，从而偏离原来的轨道。但这张照片最明显的特点在于一条特殊的α粒子轨迹，它显示了典型的分叉，分叉的一支长而细，另一支短而粗。它表现的是入射α粒子与云室中的一个氮原子核正面相撞。细长的轨迹来自氮原子核中被冲击力击出的质子的轨迹，而粗短的轨迹来自被撞到一边的原子核。但图中

1　布莱克特的照片中显示的炼金术反应（没有在本书内刊登）可以用以下方程式说明：$_7N^{14} + _2He^4 \rightarrow _8O^{17} + _1H^1$。

没有出现相对应的反弹的 α 粒子的轨迹，这说明入射粒子附着在原子核上，随着它一起运动。

我们可以在全页插图ⅢB上看到人工加速的质子撞击硼原子核的效果。来自加速器喷嘴（照片中心的黑色影子）的高速质子轰击了放置在正对开口处的硼层，并让原子核的碎片穿过周围的空气向四面八方飞去。这张照片有一个有趣的特点，碎片的轨迹总是三个一组地出现（照片中可以见到两个这样的三重组，其中一个为箭头所指），因为硼的原子核在被质子击中时碎裂成相同的三个部分。[1]

全页插图ⅢA是另一张照片，上面显示的是高速氘核（重氢的原子核，由一个质子和一个中子组成）与靶物质上其他氘原子核的碰撞。[2]

图中的较为长些的轨迹对应质子（$_1H^1$原子核），而短些的对应超重氢的原子核，人们称其为氚。

如果没有涉及中子的核反应，任何云室画廊都算不上完整，因为中子与质子搭建了每一个原子核的主要结构。

在云室照片中寻找中子的痕迹如同大海捞针，因为它们不带电荷，这些"核物理中的黑马"在穿过云室时不会造成任何电离现象。但看到猎人的枪上冒着青烟，天空中也有鸟落下，尽管看不见，你却知道，那位猎人确实曾向空中发射子弹。与此类似，请看全页插图ⅢC上的云室照片，其中显示的是氮核分裂成为氦（向下的轨迹）和硼（向上的轨迹）的情景，你会不禁感到，这个原子核是被来自左边看不见的轰击粒子重重地击中的。而且，确实，为了得到这样一张照片，人们必须在云室左

---

1 这个反应的方程式是：$_5B^{11}+_1H^1 \rightarrow _2He^4+_2He^4+_2He^4$。
2 这个反应的方程式是：$_1H^2+_1H^2 \rightarrow _1H^3+_1H^1$。

侧的器壁上放镭和铍的混合物，这是快中子的已知来源。[1]

联结中子源所在的点与氮原子核分裂发生的点，我们立刻可以看到中子在云室内的运动直线。

铀核的裂变过程显示在全页插图IV中。这张照片是包基尔德（Boggild）、布拉斯托姆（Brostrom）和劳里森（Lauritsen）摄制的，表现了两个裂变碎片在支持铀靶层的薄铝箔上沿相反方向飞出的情景。造成裂变的中子和来自裂变的中子都没有出现在照片上。我们可以无穷尽地描述各种通过电加速轰击原子核的方法得到的核嬗变，但现在是转而讨论有关轰击效率这一更重要的问题的时候了。我们必须记住，全页插图III和IV中显示的图像代表着单个原子衰变的情况，举例来说，如果要将1克的硼全部转化为氦，我们必须把5.5×10^{22}个硼原子全部打碎。现在，威力最大的电加速器每秒能够产生1×10^{15}个轰击粒子，因此，即使每个轰击粒子可以打碎一个硼核，我们也需要在5500万秒内，即大约两年的时间内运转这台机器，才能完成这项任务。

然而，真实的情况是，在各种不同的加速器中产生的带电原子核轰击粒子的效率远远低于这一数字，通常几千个轰击粒子中只有一个能够在靶物质上形成核裂变。原子轰击的效率如此低的原因在于原子核是由多层电子包围着的，它们能够减慢带电粒子在其中通过的速度。因为原子壳层的靶面积远远大于原子核的靶面积，而且无法直接让轰击粒子对准原子核，所以，在有机会直接打击某个原子核之前，每个轰击粒子都必须撕开许多原子壳层的防线。图72说明了这种状况，原子核由实黑球代表，电子壳层由较浅的影子代表。原子与原子核的直径比率大约是10 000∶1，因此靶面积的比率应为100 000 000∶1。另一方面我们

1　按照炼金术的说法，在这里发生的过程可以用如下形式写出：（a）生产中子：$_4Be^9 + _2He^4$（来自镭的α粒子）$\rightarrow _6C^{12} + _0N^1$；（b）中子碰撞氮原子核：$_7N^{14} + _0N^1 \rightarrow _5B^{11} + _2He^4$。

知道，一个带电粒子通过一个原子的电子壳层会损失大约万分之一的能量，也就是在穿过了大约10,000个原子体之后丧失一切动能。根据以上数据，我们可以很容易地看出，在10,000个粒子中，只有1个粒子有机会在其初始能量在原子壳层中耗散之前击中原子核。把带电粒子对靶物质的原子核给予致命一击的低效率计算在内，我们发现，要想让1克硼完全嬗变，必须让它在至少两万年里接受现代原子破碎机的粒子轰击！

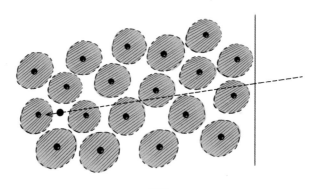

图72

4.核子学

　　核子学是一个非常不恰当的词，但像许多这类词一样，人们好像一直在使用它，对此我们也无可奈何。就像"电子学"这个术语用于描述自由电子束在实际应用的广泛领域内的知识一样，我们应该把"核子学"这个术语理解为大规模释放的核能在实际应用方面的科学。我们已经在前面几节中看到，各种化学元素（除了银之外）的原子核中都储存着庞大的内能。较轻的元素，可以通过核聚变的方式释放能量，较重的元素，则可以通过核裂变的方式释放。我们也看到，尽管人工加速的带电粒子轰击原子核的方法在各种核嬗变的理论研究方面非常重要，但它们由于效率极低而无法实际应用。

α粒子、质子等普通核轰击粒子效率低下的主要原因是它们携带电荷，这能让它们在通过原子体时失去能量，并阻止它们靠近靶物质的带电原子核，所以我们一定会认为，使用不带电荷的中子轰击各种原子核一定能够得到好得多的结果。然而这里也有陷阱！中子可以毫无困难地穿过原子核的结构，因此在自然界中没有以自由形式存在的中子，无论什么时候，用入射轰击粒子这一人工方法从原子核中击出的自由中子（例如，铍核在遭受α粒子轰击时被击出的中子），都很快会被其他原子核俘获。

因此，为了进行核轰击而生产强大的中子流，我们必须从某种元素中击出它们全部的中子。而这一过程必须使用带电轰击粒子，于是便又出现了效率低下问题。

然而有一种方法可以摆脱这种恶性循环。如果可以用中子击出中子，而且想办法做到让一个中子击出多于一个次级中子，这些粒子就会像兔子或者像被感染的组织中的细菌那样增殖（比较图97，242页），这样一来一个单个中子的后代很快就会足够多，可以一个不漏地轰击一大块物质中的每一个原子。

于是核物理学大兴于世。这本来是一门有关物质最核心性质的纯科学，却被人们从静悄悄的象牙塔带到了大喊大叫的报纸大标题、热火朝天的政治辩论和惊人的工业与军事发展的喧闹旋涡之中：这一切都是因为人们发现了一种特殊的核反应，它让中子倍增成为可能。每一个阅读报纸的人都知道，核能（或者如人们通常说的原子能）可以用奥托·哈恩（Otto Hahn）[1]和斯特拉斯曼（Fritz Strassman）[2]于1938年末发现的铀核裂变过程释放。但是，如果有人相信，将重核分裂为几乎相等的两个部分的这种裂变本身可以产生持续的核反应，那他就犯了错误。事实上，裂变产生的两个核碎片带有大量电荷（每个约为铀核电荷的一半），这让它们无法靠其他原子核太近。所以，这些碎片会在临近原子的带电壳层时迅速失去开始时的高动能，很快静止下来，无法产生任何进一步裂变。

裂变过程对能够自我维持的核反应非常重要。之所以如此，是因为人们发现，在最后速度减慢之前，每个裂变碎片都能发出一个中子（图73）。

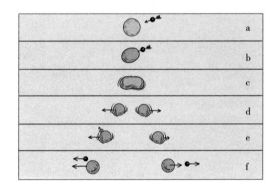

图73　裂变过程的连续步骤

裂变有如此独特后效的原因是：重原子核的两半碎块起初就像两节断裂的弹簧一样处于剧烈的振动状态。这种振动没有达到造成次级核裂

<hr />

1　奥托·哈恩（1879—1968），德国放射化学家、物理学家，获1944年诺贝尔化学奖。——译者注
2　斯特拉斯曼（1902—1980），德国物理学家、化学家。——译者注

变（即让每一半继续分为两半）的程度，但达到了发射一个核子单元的程度。说到每个碎块发射一个中子时，我们的意思是统计意义上的，有些碎块可以发射两个甚至三个中子，但还有一些碎块一个也不会发射。当然，从一个裂变碎块中发出的中子的平均数取决于其振动强度，而振动强度又是由开始的裂变过程释放的总能量决定的。正如我们已经在前面见到的那样，由于释放的能量取决于相关原子核的质量，我们便会预期，每个裂变碎块发射中子的平均数也会随着原子序数的增大而增加。所以，一个金原子核的裂变（由于这种情况需要的激发能量过高，这种裂变尚未实验成功）碎块给出的中子数很可能明显小于一个；而铀核的每个裂变碎块平均能发射一个中子（每次裂变发射两个中子）；但对于像钚这样更重的原子核，裂变时每个碎块的平均中子发射数量应该大于1。

为了满足中子连续增殖的条件，我们显然应该得到大于1的中子产率，比如进入物质的中子是100个，下一代中子的数目就应该大于100。是否能够满足这一条件，取决于中子使给定原子核裂变的有效程度，以及成功的裂变能够产生新鲜中子的平均数目。我们必须记住，尽管中子是比带电粒子有效得多的轰击核子，但它造成裂变的成功率也不是百分之百。实际上，一个快中子进入原子核时，它总有这样的可能性，只把一部分动能传递给原子核，带着剩余的动能逃逸。在这种情况下，中子的动能会在几个原子核中间消散，都不会得到足够的能量裂变。

根据原子核结构的一般理论，我们可以得出结论：中子引发裂变的有效性随相关元素的原子量的增加而增大，对于接近元素周期表结尾处的元素，其有效程度无限接近百分之百。

我们现在可以举出两个数字例子，说明对中子增殖有利与不利的条件。（1）假定我们有一种元素，快中子对其裂变的有效率为35%，每次

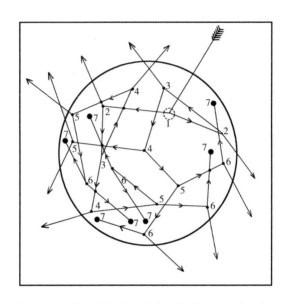

图74 一个偶然出现的中子在一块球形可裂变物质中引发了链式核反应。尽管许多中子
穿过表面而造成了损失，但中子的数目在连续各代中有所增加，最终导致爆炸

裂变能够产生的平均中子数为1.6^1。在这种情况下，100个初始中子会造
成35次裂变，下一代中子数为$35 \times 1.6 = 56$个。很显然，在这种情况下，
每一代中子只有前一代的大约一半，中子的数目会随着时间迅速下降。
（2）现在假定我们选用一种更重些的元素，中子对其裂变的有效性上
升至65%，而每次裂变产生的中子平均数为2.2。在这种情况下，100
个初代中子造成的65次裂变产生的中子总数是 $65 \times 2.2 = 143$个。随着
每一代新中子的诞生，中子的数目都有将近50%的增加，在很短的时间
内，便会有足够多的中子轰击并分裂样品中任何一个单个原子核。我们
现在考虑的是连续的分支链式反应，并称能进行这种反应的物质为可裂变

1　对这些数值的选择纯粹为了举例，请勿与任何实际原子核物质相联系。

物质。

　　人们对发展持续分支链式反应的必需条件进行了仔细的实验和理论研究，由此得出的结论是：自然界存在的一切原子核样品类型中，这样的反应只可能在一种特定的原子核分支中实现，即铀的著名的轻同位素铀-235，唯一的天然裂变物质。

　　然而，自然界中没有纯的铀-235，它总是与更重些的、不能裂变的同位素铀-238形成混合物，而且其浓度很低，只有0.7%，而铀-238占99.3%，后者让连续链式反应无法在天然铀矿中发生，就像湿木头里的水让它不至于起火一样。也正是因为大量非常不活泼的同位素铀-238的存在，才稀释了铀-235，让这种非常容易裂变的同位素仍然在自然界中存在，否则它们早就在多年前因为高速链式反应而全部自我毁灭了。所以，为了能够使用铀-235中的能量，我们必须将铀-235从铀-238中分离；或者不除去铀-238，而是设法让它不去干扰铀-235的反应。人们在研究释放原子能这个问题上双管齐下，结果在这两方面都取得了成功。我们只在这里简单地讨论这两种方法，因为这类技术问题不在本书讨论的范围之内[1]。

　　直接分离两种铀的同位素是一个非常困难的技术问题，因为它们具有完全相同的化学性质，所以无法通过工业化学的普通手段达成分离。这两种原子的唯一差别是质量略有不同，其中一种比另一种重1.3%。这说明只能用建立在扩散、离心或者离子束在磁场和电场中发生偏转这些现象上的分离方法，其中不同原子的质量具有主导作用。我们在图75a和75b中图解说明了两种主要的分离方法，并附上简短描述。

1　希望阅读更多有关讨论的读者可参阅Selig Hecht, *Explaining the Atom*, 海盗出版社，1947年第一版。一份经尤金·拉比诺维奇博士（Dr. Eugene Rabinowitch）修改与补充的新版本可在探索者普及本系列中找到。

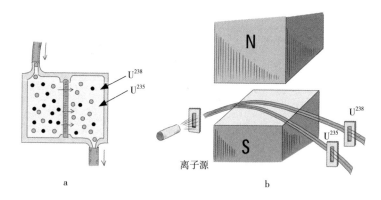

图75 a 用扩散法分离同位素。含有两种同位素的气体被泵入分离室左半部分，并通过
　　　隔断左右两半部分的隔板扩散。因为较轻的原子的扩散速度较快，因此铀–235
　　　在右半部分富集
　　　b 用磁场法分离同位素。让粒子束通过强磁场，含有较轻的铀–235的原子离子受
　　　到的偏转比较大。要想得到较大的离子强度，我们必须使用较宽的缝隙，因此分
　　　别含有铀–235和铀–238的两个离子束有部分重合，所以我们得到的也只是部分
　　　分离

　　这些方法的缺点在于：铀的两种同位素的质量差别很小，对它们的
分离无法一次到位，需要好多次重复才能让产品中的轻同位素越来越富
集。无论如何，在重复足够多次数之后，人们最终可以得到相当纯净的
铀–235样品。

　　一种更为精巧的方法是在天然铀中实施链式反应，并通过使用所
谓的减速剂，人为降低铀–238的干扰作用。为了理解这种方法，我们
必须了解，铀–238的负面作用主要是吸收很大一部分由铀–235裂变形
成的中子，让连续链式反应不能继续发展。如果我们能够做点什么，
让铀–238的原子核无法在某个中子有机会碰到一个铀–235原子核之前
劫持它，这就会让铀–235 裂变，也就解决了问题。乍一看，铀–238是
铀–235的140倍，不让它捕获大部分中子，这个任务似乎无法完成。然

而，有一个事实能够在这方面帮助我们，即这两种同位素"捕获中子的能力"因中子的运动速度不同而有所不同。对于裂变产生的快中子，这两种同位素的捕获能力是相同的，即每当铀-235捕获了一个快中子，铀-238就会捕获140个。对于速度中等的中子，铀-238的捕获能力更强一些。然而，非常重要的是，铀-235的原子核在捕获速度非常慢的中子方面要强得多。因此，如果我们能够减慢裂变中子的速度，让它们的初始高速度在前进路上遭遇第一个铀原子核（238或者235）之前就降下来，那么作为少数族裔的铀-235还是会有比铀-238更大的机会捕获中子。

只要把许多小颗粒的天然铀分散置于某种减速剂物质之中，便足以降低中子的速度。减速剂可以减慢中子的速度，但又不会大量捕获它们。为这一目的而选用的最佳物质是重水[1]、碳以及铍盐。我们在图76中对此做了图解，说明一个分散在减速剂中的铀颗粒"反应堆"是如何实际工作的[2]。

如前所述，较轻的同位素铀-235只占天然铀的0.7%，但它是自然界存在的能够支持持续链式反应的唯一可裂变物质，这种反应可以大规模释放核能。但这并不意味着我们无法人工制造其他自然界通常不存在的原子核物种，它们也具有与铀-235同样的性质。事实上，一种可裂变元素实施的连续链式反应可以生产大批中子，通过使用这些中子，我们可以把其他本来不能裂变的原子核变成可以裂变的原子核。

1　氢的同位素氘与氧原子合成的水，分子式D_2O。——译者注
2　有关铀反应堆的更详细讨论，读者可参阅有关原子能方面的专业书籍。

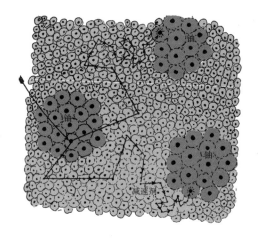

图76 这个看上去有些像生物体的图画，是一些掩埋在某种减速剂（小原子）的铀（大
原子）块的示意图。两个来自左侧铀块中的铀原子核裂变产生的中子进入减速
剂，由于与减速剂原子核的一系列碰撞而逐步减速。这些中子到达另一个铀块的
时候，它们的速度已经大大降低。在捕获慢中子方面，铀-235的能力远远强于
铀-238，结果它捕获了这些中子

　　这种类型的第一个例子，便是上述天然铀和减速剂混合的"反应
堆"。我们已经看到，使用减速剂可以让铀-238捕获中子的数量减
少，达到可以让铀-235原子核发生链式反应的程度。然而，有些中子
还是会被铀-238捕获。这会导致什么现象呢？

　　铀-238捕获中子的直接结果是它变成了铀的更重的同位素铀-239。
人们发现，这种新形成的原子核存活的时间不长，会在相继发射两个电
子之后成为一种新的化学元素的原子核，原子序数94。人们把这种新的
人造元素命名为钚（Pu-239），它甚至比铀-235更容易裂变。如果我
们用另一种天然放射性元素钍（Th-232）代替铀-238，它在捕获了中
子之后会发射两个电子，形成另一种人工可裂变元素铀-233。

　　就这样，从天然裂变元素铀-235开始，我们轮番进行尝试，有可能
把天然存在的所有铀和钍都变成可裂变产品，可以把它们作为核能的浓

缩能源。当然，这只是在理论上可行。

在本章的最后，我们可以粗略估计一下，总共有多少能量可以用于未来人类的和平发展或者军事自我摧毁。人们已经估计过，按照铀矿的已知储量，铀-235的总量足以为世界工业（全部改用核能）提供几年的核能。但是，如果可以把将铀-238转变为钚的可能性计算在内，这个估计时间将延长到几个世纪。进一步把储量大约是铀的四倍的钍的储量算进去（转变为铀-233），我们至少可以把估计时间延长到一两千年，这个年限足够长，可以打消"未来原子能源短缺"的担忧。

然而，即使所有这些核能源都用光了，也没有发现新的铀与钍矿藏，未来的人也还是可以从普通的岩石中获得核能。实际上，和其他化学元素一样，差不多任何普通材料中都有微量的铀和钍存在。比如，每吨普通的花岗岩中含有4克铀和12克钍。乍一看，这点东西简直微不足道，但还是先做个计算吧。我们知道，1千克裂变物质中含有的核能量相当于20,000吨TNT炸药的爆炸威力（如同一颗原子弹），或者大约20,000吨用作燃料的汽油。 那么，如果把1吨花岗岩中的16克铀和钍转变为裂变材料，它们将相当于320吨普通燃料。这足够补偿我们分离它们的千辛万苦了，特别是在富矿储量即将告罄的时候。

在征服了铀这类重元素的核裂变能量释放顽垒之后，物理学家们又在向被称作核聚变的逆向过程发起挑战，其中两个轻元素原子核聚合形成一个较重的原子核，同时释放出庞大的能量。我们将在第11章中见到，我们的太阳正是从这样的聚变过程中得到能量的。在核聚变中，普通氢原子核在星体内部发生了狂暴的热碰撞，它们将结合形成较重的氦原子核。为了人类的目的复制这些所谓的热核反应，产生聚变的最佳材料是重氢，也就是氘，它在普通的水中有少量存在。重氢的原子核叫氘核，它含有一个质子和一个中子。两个氘核碰撞时可能会发生下述两个反应之一：

2氘核→$_2$He^3+中子；2氘核→$_1$H^3+质子。

为了成功完成嬗变，必须把氘加热到100,000,000度。

第一个成功的核聚变装置是氢弹，其中的氘反应是通过一颗原子弹的爆炸引发的。然而，更为复杂的问题是实现可控热核反应，它将为和平目标提供庞大的能量。这项反应的主要困难在于限制高温气体的范围，例如，用强磁场阻止氘核接触容器的器壁，并把它们限制在一个中心热区之内，这就可以克服这一困难，否则器壁会熔化而挥发！

8 无序定律

1.热无序

如果倒一玻璃杯的水仔细观察，你会看到清澈均匀的液体，看不到任何内部结构或者运动。当然，你不可以摇晃杯子。但是我们知道，水的均匀只不过是表面现象，如果放大几百万倍，我们就可以看到无数紧紧贴在一起的单个水分子，它们构成了醒目的颗粒结构。

在同样的放大倍数下，我们也可以清楚地看到，水也远远不是静止的。它的分子在以一种狂暴的扰动状态运动着，互相推搡，好像一群情绪激动的人。水分子或者任何其他物质的这种不规则运动叫作热运动，这样叫的原因很简单，因为热现象是这种运动造成的。尽管人的肉眼无法直接看到分子运动和分子本身，但正是分子运动在人类器官的神经纤维中产生了某种刺激，造成了我们称之为热的感觉。那些远远小于人类的生命体，例如悬浮在水滴中的小细菌，热运动的效果就明显得多了，而这些可怜的生物会不断地受到永远躁动的分子的踢打、推搡和抛掷，它们从四面八方不停地攻击细菌，不给它任何喘息的机会（图77）。这种有趣的现象叫作布朗运动，以英格兰植物学家布朗（Robert Brown）的名字命名，因为他曾在一百多年前研究小植物的孢子时便首次注意到了这种现象。这是相当普遍的自然现象，只要在研究任意一种足够小的粒子时让它悬浮在任何液体中，你就可以观察到这种现象。此外，你也可以观察空气中悬浮着的烟的微小颗粒和尘埃。

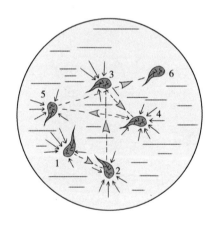

图77 遭到分子撞击蹂躏的一个细菌的六个连续位置（物理学上是正确的，细菌学上并非如此）

如果我们加热液体，悬浮在其中的微粒的狂野舞蹈就会变得更加暴烈；冷却下来之后，这种运动的强度会明显减弱。毫无疑问，我们观察的确实是隐藏着的物体热运动的效果，而通常所说的温度只不过是对分子躁动的度量。通过研究布朗运动与温度的相关性，人们发现，在-273 ℃（即-459 ℉），物质的热骚动完全停止了，它的所有分子都静止不动。这显然是最低的温度，并得到了"绝对零度"的称号。如果有人认为还有更低的温度，那显然是荒谬的，因为不会有任何运动比绝对静止更慢了！

　　在接近绝对零度的温度下，任何物质的分子的能量都太低，结果，作用在它们身上的凝聚力把它们全都粘到一起，变成了一个固体大块，它们只能够在冰冻状态下微微颤动。随着温度的增加，这种颤动越来越强，而到了某个阶段，分子得到了一些运动自由，相互之间能够滑动了。冰冻物体的刚性消失了，它变成了流体。熔化过程开始的温度取决于作用在分子上的凝聚力的强度。对于某些物质，如氢气或者组成大气的氮气和氧气的混合物，它们的分子的凝聚力非常弱，热骚动可以在相对低的温度下打破冰冻状态。因此氢气在低于绝对温度14 ℉（即-259 ℃）时处于凝固状态，而固态的氧和氮分别在高于绝对温度55 ℉和64 ℉时融化（即-218 ℃和-209 ℃）。在其他物质中，分子间的凝聚力更强，它们在更高的温度时仍然保持固态，如纯酒精在-130 ℃之前还是固体，而固态水（冰）到了0 ℃才融化。还有一些物质在高得多的温度下仍然是固体，如一块铅要到+327 ℃才熔化，铁在+1535 ℃，一种叫作锇的稀有金属在+2700 ℃以下都还是固体。尽管固体态物质的分子被紧紧地束缚在自己的位置上，但这并不意味着它们不会受到热骚动的影响。确实，根据热运动的基本定律，在给定温度下，无论固态、液态还是气态，每一个分子中的能量都是相同的，差别仅仅是：对于有些物质，这个能量足够将分子从它们固定位置上撕开，让它们四处巡游，而对于其他的物质，则只能在同一点上下颤动，好像被拴在短链上的愤怒的狗。

　　在前一章描述的X射线照片上，我们可以很容易地观察到这种形成固体分子的热颤动或者热振动。因为要在晶格上为分子照相需要相当长的时间，因此，分子在曝光期间不离开固定位置至关重要。但在固定位置附近的持续颤动对照相没有帮助，照出的照片会比较模糊。这个效果表现在全页插图I中的分子照片上。为了得到清晰的照片，我们必须尽可能地冷却晶体。有时候可以把它们放到某种液态气体中来达到这一目的。另外，如果我们加热需要照相的晶体，照片会变得越来越模糊，而达到熔点时，分子将离开它们的位置，开始穿过熔化了的物质做无规则运动，有规律的一切都消失了。

　　在固体物质熔化了之后，分子仍然没有分开，热骚动虽然足以让它们从晶格的固定位置上离开，但还不足以把它们完全分开。然而，在更

图78

高的温度下，凝聚力已经不再能够将分子聚集在一起，它们将向四面八方飞去，除非受到周围器壁的阻挡飞不出去。当然，发生这种情况时，物质处于气态。就像固体熔化时一样，对于不同的物质，液体的蒸发也发生在不同的温度下，而与凝聚力较强的物质相比，凝聚力较弱的物质将在较低的温度下变为蒸气。这一过程的另一个关键是液体所在环境中的压强，因为外界的压强显然能够帮助凝聚力，迫使分子聚集在一起。人人都知道，与盖子打开的水壶里的水相比，装在紧紧盖住的水壶里的水的沸腾温度较低。另外，在高山的巅峰，水会在远远低于100 ℃的温度下沸腾。我们或许可以在这里指出的是，可以用计算大气压的方法得出给定地点的海拔高度。

马克·吐温（Mark Twain）[1]在故事里说，他曾经把一支无液气压计放到装有沸腾的碗豆汤的水壶里。请大家不要这么做。你没法用这样的方法得知所在地海拔的任何信息，而你的汤会因为铜的氧化物而变得很难喝。

物质的熔点越高，它的沸点也就越高。液氢在-253 ℃沸腾，液氧和液氮分别在-183 ℃和-196 ℃沸腾，酒精在+78 ℃沸腾，铅在+1620 ℃沸腾，铁在+3000 ℃沸腾，而铱只有到了+5300 ℃的时候才会沸腾[2]。

固体美丽的晶体结构崩溃了，这会首先迫使分子像一群虫子似的相互环绕着蠕动爬行，然后又像一群受了惊的鸟儿一样四散飞去，但后面这个现象还不是持续增加的热运动的破坏性威力的极致。如果温度继续上升，就会威胁分子自身的存在，因为分子间碰撞的暴力愈演愈烈，已经到了可以打碎分子，使之成为分开的原子的程度了。人们称这一过程为热分解，发生的温度取决于分子自身的相对强度。有些有机物的分子

1　马克·吐温（1835—1910），美国幽默大师，文学家。——译者注
2　所有的数值都是在1个标准大气压下测定的。

只要几百摄氏度就会分解为原子或者原子团。有些结构更为坚固的分子，例如水，则需要1000 ℃以上的温度才会被摧毁。但当温度上升到好几千摄氏度时，任何分子都不复存在，一切物质都变成了纯化学元素的气态混合物。

太阳的表面就处于这样一种状态，那里的温度可以高达6000 ℃。另一方面，在红巨星[1]相对较冷的大气层中还有某些分子存在，这是经特殊分析方法验证了的事实。

在高温下，狂暴的热碰撞不仅将分子击碎，变成了组成它们的原子，而且也会卷走原子的外层电子，以这种方式损坏原子。当温度上升到几万摄氏度，甚至几十万摄氏度的数量级时，这种热电离变得越来越明显，并在几百万摄氏度时彻底完成。这种不可思议的温度远远超过了我们能够在实验室里得到的极限，但在恒星内部是家常便饭，太阳也不例外。在这种情况下，原子已经不存在了。一切电子壳层都崩溃了，物质变成了赤裸裸的原子核和自由电子，它们疯狂地在空间飞舞，以惊人的力量相互碰撞。然而，尽管原子体已经完全破坏了，但只要原子核仍旧完整，物质仍会保留它的基本化学特征。如果温度下降，原子核将会捕获电子，重建完整的原子。

物质彻底的热离解是将原子核分解成不同的核子（质子和中子），要达到这一点，温度至少应该达到几十亿摄氏度。即使在最热的恒星内部，我们都还没有发现这么高的温度，但看上去非常可能的是，这一数量级的温度在几十亿年前是存在的，当时我们的宇宙还处于幼年。我们将在本书最后一章回头讨论这个令人兴奋的问题。

由此我们可以看到，热骚动的效应在一步一步地摧毁基于量子定律建立的精致的物质建筑物，将这个辉煌的宫殿变为到处飞窜的一团混乱

1　见第11章。

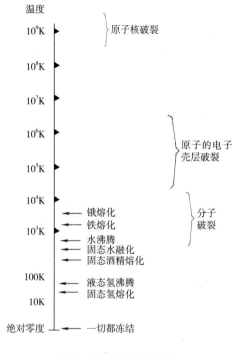

图79　温度的破坏性效果

的粒子。粒子四处飞舞，互相碰撞，没有任何明显的法则或者规律。

2.我们应该如何描述无序运动？

如果我们认为，由于热运动是无序的，所以不可能对它做出任何物理描述，这可就是完全错误的了。热运动确实是没有任何规律的，但它可以遵守一种新的定律，即无序定律，更合适的表达是"统计行为定律"。为了明白上述说法,我们可以把注意力转向一个叫作"醉鬼走路"的著名问题。假定我们看到一个醉鬼,他在一个城市大广场的中央斜倚着一根路灯杆,谁也不知道他是在什么时候或者怎样走到那里去的。然后他突然决定离开,随便去哪里都成。于是他动身了。他朝一个方向走了几步,又朝另一个方向走了几步,如此这般地走来走去,每走几步就以完全无法预料的方式变换方向(图80)。醉鬼行动开始,经过了——比如说——100次无规则的之字形运动变向之后,他会距离那个路灯杆多远呢? 开始时人们可能会想,他的每一次转向都是不可预测的,因此无法回答这个问题。然而,如果更加专注地考虑一下这个问题,我们就会发现,尽管无法说出这个醉鬼最后会走到什么地方,但可以回答他在转了很多很多次弯之后距离路灯杆最可能的(有时候叫"最可几")距离。为了用一种严格的数学方式探讨这个问题,让我们以步行广场中心那根路灯杆为原点画两根坐标轴;X轴对着我们,Y轴向右。令R为总共N次转弯(在图80中,$N=14$)之后醉鬼距离路灯杆的距离。如果现在X_n和Y_n分别表示醉鬼所走路径的第N段路程在对应轴上的投影,毕达哥拉斯定理显然会给我们如下公式:

$$R^2 = (X_1 + X_2 + X_3 + \cdots + X_N)^2 + (Y_1 + Y_2 + Y_3 + \cdots + Y_N)^2。$$

此处的X和Y可以是正值也可以是负值,取决于醉鬼这一段路的方向是离开路灯杆而去还是向路灯杆而来。请注意,既然他的运动是完全无序的,那么正值的X和Y的数目就应该与负值的X和Y的数目大致相当。根据代数的基本规则,要计算括号内各数值的平方,我们就必须依次用其中每一项遍乘所有各项,然后将各个乘积相加。

于是:

$$(X_1 + X_2 + X_3 + \cdots + X_N)^2$$
$$= (X_1 + X_2 + X_3 + \cdots + X_N)(X_1 + X_2 + X_3 + \cdots + X_N)$$
$$= X_1^2 + X_1 X_2 + X_1 X_3 + \cdots + X_2^2 + X_1 X_2 + \cdots + X_N^2。$$

这个长加式将包括X的所有平方项（X_2^1，X_2^2，…，X_N^2），以及一切所谓的"混合乘积"，如X_1X_2、X_2X_3等。

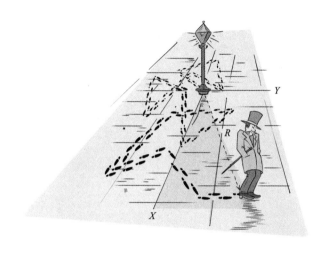

图80　醉鬼走路

迄今为止，这些都是简单的算式，但下面就是基于醉鬼走路的无序性的统计学要点。由于他一直在随机走动，离开路灯杆或者走向路灯杆的动作有着同样的概率，因此在X的取值中，正值或者负值有同样的概率。由此，如果观察一下那些"混合乘积"，你就会发现，每一项都有可能找到跟自己的绝对值相等的对应项，但这两项正负号相反，可以抵消。而且，转向次数N越大，这种相互抵消的情况就越可能出现。剩下的就全是X的平方项了，因为平方数永远是正的。于是，全式可以写成$X_1^2+X_2^2+X_3^2+\cdots+X_N^2=NX^2$，其中X是每一段之字形路程在X轴上的投影的平均长度。

同理可证，第二个包括Y的各项结果可以简化为NY^2，Y是每一段之字形路程在Y轴上的投影的平均长度。我们必须在这里再次强调，刚刚做的并不是严格的代数操作，而只是出于路径的随机性，就有关"混合乘积"之间互相抵消所做的统计论证。有关醉鬼距离路灯杆最可能的距离问题，我们现在可以简单地得到

$$R^2 = N(X^2 + Y^2)$$

或者

$$R = \sqrt{N} \cdot \sqrt{X^2 + Y^2},$$

每段路程在两个坐标轴上的平均投影都是简单的45°投影，所以，再次根据毕达哥拉斯定理，可以令 $\sqrt{X^2 + Y^2}$ 等于每段距离的平均长度。把这段长度记作1，所以我们得到：

$$R = 1 \cdot \sqrt{N}。$$

用普通的语言表达，这个结果意味着：在经过了许多次不规则的转弯之后，醉鬼距离路灯杆最可能的距离等于他每次走过的直线距离的平均长度乘以转弯次数的平方根。

所以，如果醉鬼在每次（以无法预测的角度！）改变方向之前走过1码的距离[1]，则在他离开路灯杆走过了100码之后，他距离路灯杆最可能的距离只有10码。但如果他没有转弯，而是一直往前走，他可以走出100码。这说明，清醒的时候走路确实是有优势的。

事实上，我们在这里引用的只是最大可能的距离，而不是在每种不同情况下的准确距离，这一点解释了上述例子的统计性质。如果只有一个醉鬼，也有这样的可能性，即他根本不转弯，而是完全沿着一条直线行走，结果走得离路灯杆非常远，尽管这种事情很少发生。他也可能每次转弯的角度都是180°，结果每转两次弯都会向路灯杆走去。但如果好多个醉鬼都从同一个路灯杆起步，沿着不同的之字形路径互不干扰地行走，这时你会发现，在一段足够长的时间之后，他们分散在路灯杆周

---

1 1码约等于0.914米。——译者注

围的某个区域内，距离路灯杆的平均距离可以由上述公式计算。图81是
由于不规则运动而形成的这样分布的一个例子，我们在这里考虑的是六
名走路的醉鬼。当然了，醉鬼越多，他们在不规则行走过程中的转弯次
数越多，我们的规则就越准确。

图81　六名醉鬼在路灯杆附近走路的统计分布

　　现在把醉鬼换成一些诸如悬浮在液体中的植物孢子或者细菌这样的
微小物体，你将得到和植物学家布朗在显微镜下看到的同样的图像。这
些孢子和细菌当然没有喝醉，但如前所述，它们遭到周围正在做热运动
的分子的袭击，这些袭击来自四面八方，从不间断，因此它们的运动也
会和一个在酒精的作用下丧失了方向感的人一样，沿着同样不规则的之
字形轨迹四下乱窜。
　　如果通过显微镜观察悬浮在一滴水中的大量小粒子的布朗运动，你
的注意力将集中在一个给定的小区域之内（作为原点的"路灯杆"的邻
域）。你将注意到，随着时间的推移，它们逐渐分布在整个视野之内，
而且距离原点的平均距离与这段时间间隔的平方根成正比，恰好符合我

们计算的醉鬼走路距离的数学定律。

当然，同样的运动定律也适用于水滴中的每个分子，但你看不到单个分子，即使能看到，也没法区分它们。要看到这样的运动，必须让两种不同的分子可以分辨，比如说用不同的颜色。于是我们可以在一个试管中装入半管高锰酸钾溶液，它让水呈现出美丽的紫色。如果现在往这个试管里放进一些清澈的淡水，而且小心地不让两层液体混合，我们就将发现，紫色会逐步向清水渗透。如果等的时间足够长，你将发现，试管里的液体将会形成从上到下完全均匀的颜色（图82）。这是人人都熟悉的现象，我们称之为扩散，是水分子中的染料分子的不规则热运动造成的。我们必须把每个高锰酸钾分子想象为一个"小醉鬼"，它被其他分子不间断地撞击得四处飞舞。与气体中的分子的情形相比，水中的分子堆积得非常紧密，所以每个分子在受到两次连续碰撞之间的平均自由路程非常短，大约只有亿分之一英寸。而另一方面，分子在室温下的运动速度大约为0.1英里每秒，因此每两次碰撞之间的间隔只有一万亿分之一秒，也就是说，在短短的一秒内，每个染料分子会接连受到大约1万亿次碰撞，其运动方向也会改变同样的次数。分子在第一秒内走过的距离将是亿分之一英寸（自由路程）乘以1万亿的平方根。于是我们得出的平均扩散速度是0.01英寸每秒；如果考虑到同样的分子在没有碰撞的情况下可以飞到0.1英里之外，这个扩散速度相当慢！如果你等候100秒，这个分子将艰难地走过10倍（$\sqrt{100}=10$）的距离，而在10,000秒也就是3小时之后，扩散将把颜色带到100倍（$\sqrt{10000}=100$）的地方，也就是1英寸之外。是的，扩散是一个相当慢的过程；把一勺糖放进茶杯，你最好搅动一番，而不要干等着让糖分子自己扩散。

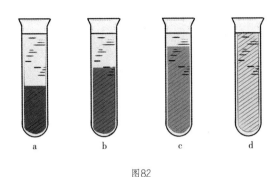

图82

下面我们再给出一个扩散过程的例子，它是分子物理学中最重要的过程之一。让我们把一根铁质拨火棍的一端放到壁炉里，考虑热量沿着铁棍传导的方式。根据以往的经验，你知道需要很长一段时间，铁棍的另一端才会有令人舒服的温度，但或许你不知道，热量沿着金属棍的传播是通过电子扩散实现的。是的，一根普通的铁质拨火棍中实际上有许多自由电子，任何金属物体都一样。金属与玻璃这样的非金属物体的不同在于，前者的原子可以失去一些外层电子，这些电子将在整个金属晶格上游荡，参与不规则的热运动，这与普通气体中粒子的情况非常像。

金属物品外表面边界上的力会阻止电子逃逸[1]，但它们在物体内部的运动几乎是完全自由的。如果金属丝两端存在电势差，那些不受原子核束缚的自由电子就会向电势较低的方向流动，形成电流。另外，非金属通常是良好的绝缘体，它们所有的电子都受到原子核的束缚，所以无法自由运动。

金属棍的一端被放进火中，那这部分金属的自由电子的热运动将会大为加剧，高速运动的电子开始携带着额外的热能扩散到其他区域。这

1　当我们高温加热一根金属丝时，它内部的电子热运动会变得更加激烈，其中有一些将穿过表面飞出。这是电子管上发生的现象，每个无线电业余爱好者都熟悉。

一过程与染料分子在水中的扩散十分相似，只不过那是两种不同的粒子（水分子和染料分子），而这是热电子气体向由冷电子气体占据的区域扩散而已。醉鬼走路定律同样可以在这里应用，而热沿着金属棍的传导距离与对应时间的平方根成正比。

关于扩散的最后一个例子，我们选用一个具有宇宙意义的完全不同的事件。我们将在后面的几章知道，太阳的能量是在它深深的内部，通过化学元素的炼金术嬗变生成的。这些能量通过强辐射形式释放，而"光粒子"，也就是光量子，完成了从太阳内部通往表面的漫长旅途。光速是300,000千米每秒，而太阳的半径只有700,000千米，如果一个光量子沿着直线运动，它只需要两秒多一点就可以出来。但真实情况却大相径庭，光量子在前往表面的道路上经历了与太阳物质中的原子核和电子之间不计其数的碰撞。在太阳物质之内，光量子的自由路程大约是1厘米（远远大于一个分子的自由通过路程！），而太阳的半径是70,000,000,000厘米，于是光量子必须迈出（7×10^{10}）^{2}或者5×10^{21}次醉鬼步才能到达表面。因为每一步需要1/（3×10^{10}）或者3×10^{-11}秒，整个旅程历时$3 \times 10^{-11} \times 5 \times 10^{21} = 1.5 \times 10^{11}$秒，即大约5000年！我们又一次在这里看到，扩散的过程何等缓慢。光子得花50个世纪的时间才能从太阳的中心来到表面，而一旦进入空旷的星际空间将沿直线运行，只需要8分钟即可走完太阳到地球之间的全部路程！

3.计算概率

以上有关扩散的情况只是概率统计应用于分子运动问题的一个简单例子。熵定律支配着一切物质体的热行为，无论是一小滴某种液体，还是恒星的无垠世界；在继续前面的讨论并尝试理解这个非常重要的定律之前，我们必须首先对如何计算各种简单与复杂事件的概率有更多的了解。

在概率计算中，远比其他问题更简单的是抛掷硬币。人人都知道，在这种情况下，只要不作弊，得到正面和反面的概率是相等的。人们通常说，得到正面和反面的机会是五五开，但人们在数学中更习惯的说法是：得到正面和反面的机会是一半对一半。如果把得到正面和反面的机会加起来，你会得到 $\frac{1}{2} + \frac{1}{2} = 1$。在概率论中，单位1意味着确定；事实上你非常肯定，在抛掷硬币时你或者得到正面或者得到反面，除非它跑到沙发下面消失得无影无踪。

现在假定你连续抛掷两次硬币，或者用等价的方法，即同时抛掷两枚硬币。很容易看出，你现在有4种不同的可能性（图83）。

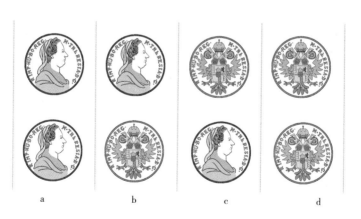

图83 抛掷两枚硬币时的4种可能的不同组合

第一种情况是你得到两个正面，最后一种情况是你得到两个反面，而中间的两种情况其实是同样的结果，因为正反面的先后或者两枚硬币的先后是无所谓的。于是可以说，两枚都是正面的机会是4中取1，即 $\frac{1}{4}$；两枚都是反面的机会也是 $\frac{1}{4}$；而一枚正一枚反的机会是4中取2，即 $\frac{1}{2}$。这里同样是 $\frac{1}{4}+\frac{1}{4}+\frac{1}{2}=1$，意思是，你一定可以得到三种可能组合中的一种。现在让我们看看，如果我们抛掷三枚硬币又会怎么样。我们总共有如下表格中总结的8种可能性：

第一次	正	正	正	正	反	反	反	反
第二次	正	正	反	反	正	正	反	反
第三次	正	反	正	反	正	反	正	反
	I	II	II	III	II	III	III	IV

检查一下这个表格，你就会发现，三枚都是正面的机会是 $\frac{1}{8}$，三枚都是反面的机会与此相同。剩下的可能性平均分配：两枚正面加一枚反面，或者两枚反面一枚正面，都是 $\frac{3}{8}$。

这样的不同可能性的表格很快就变得非常复杂，但让我们再进一步抛掷四枚硬币。现在我们有如下16种可能性：

第一次	正	正	正	正	正	正	正	正	反	反	反	反	反	反
第二次	正	正	正	正	反	反	反	正	正	正	正	反	反	反
第三次	正	正	反	反	正	正	正	反	正	正	正	反	反
第四次	正	反	正	反	反	正	正	反	正	正	反
	I	II	II	III	II	III	III	IV	II	III	III	IV	III	IV	IV	V

在这里，四枚正面和四枚反面的概率都是 $\frac{1}{16}$。三枚正面一枚反面或者三枚反面一枚正面的混合结果概率相同，都是 $\frac{4}{16}$，即 $\frac{1}{4}$，而正反面各

两枚的概率都是$\frac{6}{16}$，即$\frac{3}{8}$。

如果继续以类似方法增加抛掷次数，这张表格会变得太长，我们的纸张很快就装不下了；例如，抛掷10次你会有1024种不同的可能性，即$2\times 2\times 2\times 2\times 2\times 2\times 2\times 2\times 2\times 2$。但完全没有必要构建这么长的表格，因为我们已经可以从前面引用的这些简单例子中得到概率的简单规律，可以把它直接运用于更复杂的情况。

首先可以看到，抛掷两次硬币且两次都是正面的概率等于分别在第一次与第二次得到正面概率的乘积，即$\frac{1}{4}=\frac{1}{2}\times\frac{1}{2}$。类似地，连续得到三次或者四次正面概率是每次得到正面概率的乘积（$\frac{1}{8}=\frac{1}{2}\times\frac{1}{2}\times\frac{1}{2}$；$\frac{1}{16}=\frac{1}{2}\times\frac{1}{2}\times\frac{1}{2}\times\frac{1}{2}$）。如果有人问你，抛掷10次硬币，每次都得到正面的概率是多少，你就可以很容易地通过10个$\frac{1}{2}$相乘给出答案，结果是0.000 98，说明这种可能性确实很低：大约是千分之一！由此我们得到了"概率乘法"法则：如果你想要几个不同的事物，你可以将单独得到每种事物的数学概率相乘，这就可以算出得到所有这些事物的数学概率。如果你想得到许多东西，而得到每一种东西都很不容易，你得到所有这些东西的概率则会低得让你绝望！

还有另外一条"概率加法"法则：如果你只想要几件事物中的一件（无论哪件都可以），得到这件事物的数学概率等于分别得到每件事物的数学概率之和。

这条法则可以很容易地用抛掷硬币两次时得到相同次数的正面与反面这个例子加以说明。你在这里实际上想要的或者是"正面一次、反面一次"，或者是"反面一次、正面一次"。上面两种组合的概率都是$\frac{1}{4}$，于是得到其中任何一种的概率就是$\frac{1}{4}+\frac{1}{4}=\frac{1}{2}$。所以，如果想要"这个，和这个，和这个……"，你就把得到不同事物的各个数学概率相乘。如果你想要"这个，或者这个，或者这个……"，你就把得到不同事物的各个数学概率相加。

在第一种情况下，随着你想要的事物的数目增加，你得到所有这些事物的概率将会变小。在第二种情况下，只想要几个事物中的一个，你能够得到满足的机会将随着你的清单中的选项的增多而增大。

某种尝试的次数越多，概率的定律就变得越精确。为说明这一点，抛掷硬币实验为我们提供了一个很好的例子。我们用图84说明这一点，它显示了抛掷硬币2，3，4，10，100次之后得到正反面的不同概率。你可以看到，随着抛掷次数的增加，概率曲线变得越来越尖锐，正反面之间五五开的最大值也变得越来越明显。

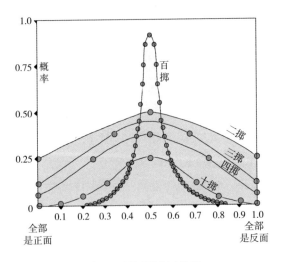

图84 正反面的相对数字

虽然抛掷2次、3次甚至4次，全部得到正面或者全部得到反面的机会都很可观，但在抛掷10次后，就连得到90%的正面或者90%的反面的机会都非常低了。在更大的抛掷数下，如100次或者1000次，概率曲线已经尖锐得像一根针，偏离五五开的概率分布实际上已经减小为零。

在众所周知的扑克牌游戏中，你会遇到五张牌的不同组合的相对概率问题，现在让我们使用刚刚学到的概率的简单规则对此加以评估。

也许你不清楚游戏的规则，现在我简单说明一下。在这个游戏中，每个玩家抓五张牌，得到最大组合者获胜。为了让分析变得简单，我们在这里不考虑你希望得到更好组合而换牌的可能性，也不考虑你使诈，冒充手里有好牌以便让对手感到心理压力。诚然，使诈其实正是这个游戏的要点，这也让著名的丹麦物理学家玻尔发明了一种全新的游戏，玩家根本不用纸牌，全凭谈论自己在想象中得到的牌来欺诈对方，但这已经不属于概率计算的范畴，而是纯粹的心理问题了。

为了练习一下概率计算，我们可以计算这种纸牌游戏中的组合的概率。其中一种叫作"同花"，就是五张牌有同样的花色（图85）。

图85　黑桃同花

　　如果想得到同花，第一张牌是什么都无所谓，你只需要计算得到同样花色的其他四张牌有多大概率就行了。一副牌共有52张，每种花色13张[1]，于是，在你抓到了第一张牌之后，同花色的牌还剩下12张，所以你第二张牌得到同样花色的概率是$\dfrac{12}{51}$。类似地，你第三张、第四张和第五张牌得到同样花色的以分数表达的概率分别是$\dfrac{11}{50}$、$\dfrac{10}{49}$和$\dfrac{9}{48}$。因为你想要5张牌都有同样的花色，所以需要用概率乘法法则。应用这一法则，得到同花的概率为：$\dfrac{12}{51}\times\dfrac{11}{50}\times\dfrac{10}{49}\times\dfrac{9}{48}=\dfrac{11\,880}{5\,997\,600}\approx\dfrac{1}{500}$。

　　但请不要认为试抓500次你就一定会得到一手同花。你可能一次也得不到，也可能会得到两次，这只不过是概率运算，有可能你抓的总次数远远超过500次，但还是一次同花也没抓到；反过来，你也可能牌一上手，第一次就抓到了同花。概率论只能告诉你，你很可能会在抓500手牌的过程中得到一次同花。通过同样的计算方法，你也可以知道，在玩3000万次游戏的过程中，你很可能会有大约10次得到5个A（包括大小王）。

　　扑克牌中还有另一种更少见、价值也更高的组合，叫作"全手"，更多人称之为"富尔豪斯"（full house），包含"一对"和"三种"，即"两张同点数不同花色的牌"加上另外"三张同点数不同花色的牌"，比如在图86中的三张王后和两张5。

　　如果想凑足一手富尔豪斯，你抓到的头两张牌无所谓，但接下来，对于其中的一张，你必须得到余下的与它相同的三张中的两张，而对于另外一张，你必须得到余下的与它相同的三张中的一张。因为有六张牌与你已有的牌相配（比如，你有一张王后和一张5，那就有另外三张王后

---

[1]　为简单计，此处不算可以随心所欲地代替任何其他牌的"大小王"。

图86　富尔豪斯

和三张5），你的第三张牌有用的机会是50取6，即$\frac{6}{50}$。第四张牌有用的

概率是$\frac{5}{49}$，因为在余下的49张牌中有5张有用，则第五张牌有用的概率

是$\frac{4}{48}$。于是，凑成富尔豪斯的整个概率是：

$$\frac{6}{50}\times\frac{5}{49}\times\frac{4}{48}=\frac{120}{117\,600},$$

大约为同花的一半。

　　用类似的方法，我们也可以计算其他组合的概率，如一个"顺子"
（连续的五张牌），也可以考虑大小王出现而导致的概率变化，以及改
变原来抓到的牌导致的概率变化。

　　通过这样的计算，我们可以发现，在扑克牌中的组合的尊卑次序确
实反映了数学概率的顺序。我不知道这样的安排是出于过去某个数学家
的提议，还是全世界千百万赌徒的经验之谈，他们或者在时髦的赌厅或
者在黑暗的小赌窟中投入金钱、甘冒风险。如果是后者，我们必须承
认，在这方面，他们为我们准备了有关复杂事件相对概率的相当好的统

计研究资料!

　　"生日巧合"问题是另一个有趣的概率计算例子，会导致相当出人意料的回答。请回想一下，你是否曾经在同一天里接到过两个不同的生日聚会邀请。你或许会说，一天两次生日邀请，这样的概率非常小，因为你只有大约24个有可能邀请你的朋友，而他们的生日可以是一年中的任意一天。所以，可供挑选的日子这么多，24个朋友中的一对甚至几对刚好打算在同一天切蛋糕，这种概率肯定微乎其微。

　　然而，虽然这种事听上去如此难以置信，但你的这种想法恰巧是错误的。事实上，24个人里有一对甚至好几对人的生日是同一天的概率相当高。实际上，有这种情况的概率大于没有这种情况的概率。

　　要证实这个事实，你只要编制一份大约包括24个人的生日清单，或者更简单些，找一本《美国名人录》（*Who's Who in America*）这类参考书来，随便翻开哪一页，从中连续选24个名字。或者用我们已经通过抛掷硬币和扑克牌游戏熟悉了的概率计算的简单法则来计算这些概率。

　　假定我们首先尝试计算出24个人中每人都有不同生日的概率。让我们问这批人中的第一个人，他的生日是哪一天；当然，这可以是一年中的任何一天。现在，我们询问的第二个人的生日与此不同的概率有多大呢？因为第二个人可以生于一年中的任何一天，因此在365天中，只有一天与第一个人的生日重合，而在365天里有364天不重合，也就是说，不重合的概率是$\frac{364}{365}$。类似地，第三个人的生日与头两个人不一样的概率是$\frac{363}{365}$，因为其中有两天被排除在外。后面的人的生日与前几个人都不一样的概率是$\frac{362}{365}$，$\frac{361}{365}$，$\frac{360}{365}$，等等，以此类推，最后一个人的这一

概率是 $\dfrac{365-23}{365}$，即 $\dfrac{342}{365}$。

因为我们要知道的是这些人中所有人的生日都不重合的概率，因此我们需要把这些人生日不重合的概率相乘：

$$\dfrac{364}{365} \times \dfrac{363}{365} \times \dfrac{362}{365} \times \cdots \times \dfrac{342}{365}。$$

人们可以用高等数学中的某种方法在几分钟内得到结果，但如果你不知道这种方法，你就只能硬着头皮直接乘了[1]，但也不需要太长时间。结果是0.46，这说明，生日不重合的概率略小于一半。换言之，在24个朋友中，他们生日各不重合只有46%的概率，而有两个或者更多生日重合的概率是54%。所以，如果你有25个或者更多的朋友，却从来没有在同一天接到两个生日聚会邀请，那很有可能得到一个结论：你的大多数朋友不办生日聚会，或者他们没有邀请你！

生日重合问题是一个非常好的例子，它能够证明，对于复杂的事件，常识性判断完全可能是错误的。我曾经向很多人提出过这个问题，包括许多著名的科学家，而除了一个人[2]，其他所有人都打赌说根本不会有重合，赌注从2对1到15对1。如果那位"例外先生"肯跟这些人打赌，他现在一定发财了！

值得反复重复的一点是，如果根据已有的规则计算不同事件的概率，并从中选择最有可能发生的事件，我们完全无法肯定会发生些什么。除非所作的测试的数目达到几千、几百万甚至最好达到几十亿，否则我们预言的结果只是"很可能"，而完全不是"必定"。概率的定律在处理数目相对较小的测试时比较弱，例如在解码相对较短的文件的各种编码和为密码解码时，它们在统计分析方面的用处不太大。我们来看

1　如果你会用对数表或者拉计算尺，那就尽管用好了！

2　这个人当然是一位匈牙利数学家（见本书第1章开头）。

看爱伦·坡（Edgar Allan Poe）在他著名的小说《金甲虫》（*The Gold Bug*）中描写的一个有名的案例。他告诉我们，某位罗格朗（Legrand）先生曾沿着南卡罗来纳州的一段荒无人烟的海滨散步，结果捡到了一张半埋在潮湿沙地里的羊皮纸。罗格朗先生带着羊皮纸回到了自己的海滨小屋，那里烧着熊熊的炉火。由于炉火的温暖，羊皮纸上显示出用墨水写成的一些红色的神秘符号，它们在冷的时候看不见，但现在可以辨认了。纸上画了一个骷髅头，说明这份文件是一位海盗写的；上面还画着一只山羊头，无疑证明这位海盗不是别人，正是大名鼎鼎的基德船长（Captain Kidd）[1]；另外还有几行印刷体的符号，看上去指明了一处藏宝的位置（图87）。

我们不妨承认爱伦·坡的权威，认为17世纪的海盗熟悉分号、引号以及其他像‡、+、¶这类符号。

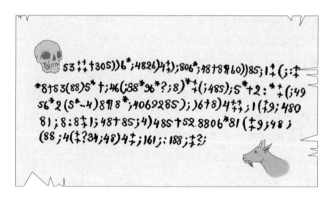

图87 基德船长的文件

---

1 英语单词Kid，基德kidd，两者字形和发音都很像，而kid有一个含义是"小山羊"，因此基德船长用山羊头作为自己的标志。——译者注

　　罗格朗先生当时手头比较紧，所以搜肠刮肚地想要解码这份神秘密码，最后终于通过英语中不同字母出现的相对频率完成了这项工作。他的方法基于这样一项事实：如果在任何一段英语文字中数一下不同字母的数目，无论是莎士比亚的十四行诗还是华莱士（Edgar Wallace）的神秘故事，你都会发现"e"这个字母用得远比其他任何字母多。在"e"之后，字母的使用频率顺序如下：

　　a，o，i，d，h，n，r，s，t，u，y，c，f，g，l，m，w，b，k，p，q，x，z。

　　通过数出出现在基德船长的密码中不同符号的个数，罗格朗先生发现最经常出现的符号是数字8。"啊哈，"他说，"这就是说，8最可能代表字母e。"

　　好吧，在这种情况下他是对的，当然，这只不过是非常可能，而完全无法肯定。其实，如果这段话说的是"你会在距离鸟岛北端的一间古老小屋以南两千码外的树林中的铁盒子里发现大批黄金和硬币"，其中就不会有一个"e"出现！[1] 但概率论的法则偏爱罗格朗先生，他的猜测确实是正确的。

　　取得了第一步的成功之后，罗格朗先生变得过于自信，他继续以同样的方法，根据符号出现的概率顺序确定字母。在下面的表格中，我们按照出现的相对频率，列出了出现在基德船长的文件中的符号：

1　英语原文是"You will find a lot of gold and coins in an iron box in woods two thousand yards south from an old hut on Bird Island's north tip"，其中确实没有一个字母e。——译者注

符号	出现次数	按概率排列顺序	实际字母
8	33	e	e
;	26	a	t
4	19	o	h
‡	16	i	o
)	16	d	s
*	12	h	n
5	11	n	a
6	11	r	l
(	10	s	r
1	8	t	f
‡	7	u	d
0	6	y	l
9	5	c	m
2	5	f	b
3	4	g	g
:	4	l	y
?	3	m	u
π	2	w	v
—	1	b	c
·	1	k	p

第三列是按照各字母在英语中出现频率排列的。因此，假定第一列中的符号代表第三列中的字母，这样考虑是合乎逻辑的。但用这样的对应安排，我们发现，基德船长文件的开头写的是：ngiiugynddrhaoefr……

毫无意义！

怎么回事？难道说这个老海盗使用了特殊文字，字母出现的频率与英语常用词中字母出现的频率不一样？完全不是。原因仅仅在于，这份文件的内容太短，算不上一份好的统计样本，不足以反映正确的字母分布规律。如果基德船长把自己的宝物藏得特别仔细，寻找它的指示需要两页纸，这时罗格朗先生用出现频率规则解决这个谜的机会就会大得多；或者，如果需要整整一册书，他的机会就更大了。

如果丢一个硬币100次，你可以很肯定，大约有50次硬币正面向上，但如果只丢4次，你可能会得到3次正面1次反面，反之亦然。要让它成为一个规则，你尝试的次数越多，使用概率规则的结果就越准确。

因为这些密码中的字母数量不足，统计分析的简单方法未能奏效，罗格朗先生只好使用另一种分析方法，以英语中不同的词的详细结构为基础。首先，他进一步强化了他对最经常出现的符号8代表字母e的假定，原因是他注意到，在这段相当短的信息中，两个8在一起的"8 8"这种组合经常出现（5次），而人人都知道，英语中的字母e是经常一起重复出现的，如meet，fleet，speed，seen，been，agree等。此外，如果8确实代表e，我们就会预期，它经常是作为单词"the"的一部分出现的。通过检查密码文本，我们发现了"；48"这个组合在几个短行内出现了7次。如果猜测正确，我们可以得出结论："；"代表t，"4"代表h。

有关解码基德船长文件的进一步详情，我们建议读者阅读爱伦·坡的原著，但罗格朗先生最后发现的整个原文是："A good glass in the bishop's hostel in the devil's seat. Forty-one degrees and thirteen minutes northeast by north. Main branch seventh limb east side. Shoot from the left eye of the death's head. A bee-line from the tree through the shot fifty feet out."（主教旅店的魔鬼之椅上有个好玻璃杯。北偏东41度13分。主干东面的第七根枝。从骷髅头左眼射击。沿开枪方向从那棵树直走50英尺。）

罗格朗先生最后破译的各个不同字符的正确含义见212页表格中的最右列，你可以从中看到，它们并没有准确地对应概率定律应有的次序。当然，这是因为文件太短，没有给概率定律足够的机会一显身手。但即使在这样一份短小的"统计样本"中，我们还是注意到了字母按照概率论确定的顺序安排的趋势。如果文件中单词数目多得多，这个趋势几乎会成为颠扑不破的真理。

概率论的预言真正经过大量尝试核实，这种做法似乎只有一个实例（还有一个就是保险公司不会垮），这就是著名的美国国旗和火柴问题。

为了挑战这一特定的概率问题，你需要一面美国国旗，其实只需要红白条纹组成的那部分；如果找不到旗子，你可以在一大张纸上画一些等距离的平行条纹（图88）。然后你需要一盒火柴，任何类型的火柴都可以，但它们的长度要短于条纹的宽度。然后你需要一个希腊的pi，不是吃的馅饼pie，而是一个希腊字母，相当于英语字母"p"，也就是π。它除了是个希腊字母，人们还用它表示圆的周长与直径之间的比率，即圆周率。如你所知，π=3.141 592 653 5…，后面还有无数位，但我们不需要那么多。

现在把旗子铺在桌子上，往空中扔一根火柴，看着它落到旗子上（图88）。它或者会整体落在两条平行线之间，或者会与某一条线相交。这两种情况出现的机会各有多大呢？

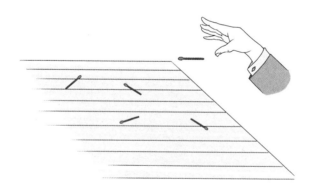

图88

　　按照其他概率方法，我们必须首先计算一下对应这两种情况的一切可能性的数目。

　　但很显然，火柴落在旗子上有无数种方式，你怎么能够找出一切可能性呢？

　　让我们更仔细地考虑这个问题。相对于旗子上的条纹，我们可以用两个数据标定落下的火柴，一是火柴中点和离它最近的平行线的距离，另一个是火柴与条纹的方向之间的夹角（图89）。为简单起见，我们可以假定火柴的长度等于相邻两条平行线之间的距离，而且都是两英寸。现在我们给出落下的火柴的三种典型例子。如果火柴的中点与某条平行线非常近，而且夹角比较大（图中情况a），火柴会和平行线相交。如果与此相反，角度比较小（图中情况b），或者距离比较大（图中情况c），则在这两种情况下火柴会在两条平行线之间。我们还可以用更准确的语言表达为：如果半根火柴在垂直方向的投影大于火柴中点到最近的那条平行线的距离，则火柴与平行线相交（图中情况a），反之则不相交（图中情况b与c）。上述情况可以用图89下半部的草图说明。我们用水平轴（横轴）表示火柴与水平线间的夹角，用垂直方向的轴（纵轴）表示半根火柴在垂直方向上的投影；在三角学中，这个长度对应夹角的正弦。显然，当夹角为零时它的正弦也为零，因为这时火柴占据水平方向。当夹角为 $\pi/2$ 即直角时[1]，正弦等于1，因为火柴占据垂直位置，长度等于它在垂直方向的投影。当夹角在零与 $\pi/2$ 之间时，正弦由我们熟悉的正弦曲线表示。图89中只给出了1/4的曲线，夹角为零和 $\pi/2$ 之间。

1　半径为1的圆的周长是它的直径的 π 倍，或者 2π，因此1/4圆周长是 $2\pi/4 = \pi/2$。或者说，整个圆的圆心角 $= 2\pi$，因此直角 $= \pi/2$。

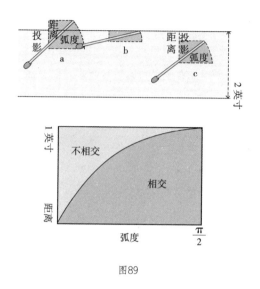

图89

得到了这一图像之后，我们可以很方便地用它来估计火柴是否会与平行线相交的概率。事实上，正如上面看到的那样（请再看一下图89的上半部分），如果火柴中点与水平线的距离小于对应的投影，也就是说小于夹角的正弦值，火柴将与某条平行线相交。这就是说，在图中画出火柴的纵向投影和与水平线夹角代表的点，如果它在正弦曲线下方，则火柴与平行线相交。反之，对应位于两根平行线之间的火柴的点在正弦曲线的上方。

于是，根据计算概率的法则，火柴与平行线之间不相交与相交的概率的比率，等于正弦曲线上下两块面积的比率；或者说，要计算这两个事件的概率，我们可以将长方形的整个面积如上分为两部分加以计算。可以通过数学方法证明（参阅第2章），正弦曲线下面的图形面积刚好等于1，而整个长方形的面积是 $\frac{\pi}{2} \times 1 = \frac{\pi}{2}$，于是我们发现，火柴与平行线

相交的概率是 $\dfrac{1}{\dfrac{\pi}{2}}=\dfrac{2}{\pi}$。

　　π 摇身一变在这里出现，这一完全让人无法预料的有趣事实是由18世纪科学家布丰（George Louis Leclerc Buffon）第一个观察到的，因此火柴与条纹问题也被称为布丰问题。

　　实际上，实验是由一位勤勉的意大利数学家拉泽里尼（Lazzerini）完成的，他抛掷了3408根火柴，并观察到其中的2169根与平行线相交。他用这一实验的准确记录检验布丰公式，经代换得到 π 的值为 $\dfrac{2\times3408}{2169}$=3.141 592 9，直到第七位小数才与准确的数学值不同！

　　当然，这是对概率论定律有效性的一个非常有趣的证明，但未见得比一个确定"2"的数值的过程更有趣：你可以抛掷硬币几千次，然后用抛掷总数除以正面向上的数字。毫无疑问，这次你得到的值将是2.000 000…，误差和拉泽里尼确定的 π 值同样小。

4. "神秘"的熵

　　上面是全部来自日常生活的概率计算实例，我们从中可以看出，这类定律的预言在尝试小样本的时候往往令人失望，但到了数字真正很大的时候会越来越好。这让这类定律特别适合描述原子与分子的行为，因为我们能方便处理的任何最小块物质都是由数不清的原子与分子组成的。所以，如果说，把醉鬼走路定律应用于每人转了二十几次弯的六名醉鬼，那我们只能得到近似的结果，但如果把它应用于每秒经历几十亿次碰撞的几十亿个染料分子，那就会导致有关扩散的非常严格的物理学定律。我们也可以说，染料分子原来只存在于试管的一半溶液之内，但它们倾向于均匀地扩散到整个溶液当中，这是因为这种均匀分布的概率高于原来的分布。

如果你正坐在房间里阅读这本书，房间里的各面墙之间、地板与天花板之间，均匀地分布着空气。出于完全同样的原因，你从来不会觉得，有朝一日，房间里所有的空气会出人意料地集中到一个角落里，结果让你坐在椅子上窒息而死。然而，这种可怕的情景在物理学中并不是绝对不可能出现的，而只是极端不可能出现而已。

为了弄清情况，我们可以考虑一个用想象中的垂直平面隔成两半的房间，并想象一下：空气中的气体分子会怎样在这两部分房间里分布？这个问题当然完全等同于前面讨论过的抛掷硬币问题。如果我们选出一个分子，它有同样的概率存在于房间的右半边和左半边，这和硬币落在桌子上时正面或反面向上的概率相等是一个道理。

第二个、第三个，以及一切其他分子，都有同样的机会存在于房间的右半边或者左半边，无论其他分子在哪里[1]。所以，分子在房间两部分中的分布问题，等价于大数目抛掷硬币时的正面与反面分布问题，因此，与我们在图84中见到的一样，在这种情况下，五五开的分布是最为可能的，远远超过任何其他可能性，我们也可以从那幅图中看到，随着抛掷数目的增加（现在是气体的分子），50%的概率变得越来越大，当数目非常大时，这一概率实际上已经变成了必然。而在一个中等大

1　实际上，由于气体中各个分子之间的间距较大，空间并非拥挤不堪。在一个给定体积内存在着大量分子，这种情况完全不会阻挡新分子进入。

小的房间里存在着大约10^{27}个分子[1]，它们同时存在于房间右半边的概率是

$$\left(\frac{1}{2}\right)^{10^{27}} \approx 10^{-3\times10^{26}},$$

即1比$10^{3\times10^{26}}$。

另一方面，因为空气中的气体分子速度大约为500m/s，只要0.01秒它们就可以从房间的一端飞往另一端，它们在房间中的分布每秒将变动100次。因此，要让所有的气体分子全部聚集在房间的右半部，我们等待的时间将是$10^{299,999,999,999,999,999,999,999,998}$秒，而宇宙迄今为止的年龄只有$10^{17}$秒！所以，你可以安安心心地读你的书，不必担心偶然发生的窒息了。

我们可以考虑另外一个例子：放在桌子上的一玻璃杯水。我们知道，水分子参与了不规则热运动，因此会向一切可能的方向高速运动，但因为它们之间的凝聚力而无法飞走。

由于每个分子的运动方向完全遵守随机定律，我们可以认为，在某个时刻，玻璃杯上半部的一半分子将全部向上运动，而下半部的分子将全部向下运动[2]。在这种情况下，作用在隔开两部分水分子的水平平面上的凝聚力将无法对抗它们"希望独立的统一愿望"，于是我们将观察到不寻常的物理现象：玻璃杯中一半的水将以出膛子弹般的速度射向天花板！

另外一种可能性是，水分子的热运动总能量将因为偶然原因集中在位于玻璃杯上半部的水分子上，在这种情况下，靠近杯底的水突然冻

1　一个10英尺×15英尺×9英尺的房间体积是1350立方英尺，即5×10^7立方厘米，其中存在着5×10^4克空气。因为空气中的氮分子和氧分子的平均质量是$30\times1.66\times10^{-24}\approx5\times10^{-23}$克，所以分子总数为 $5\times10^4/5\times10^{-23}=10^{27}$个。此处"$\approx$"意为"约等于"。

2　我们只能考虑这样一种一半一半的分布，因为能量守恒的力学定律排除了所有分子向同一个方向运动的可能性。

结，而上层的水开始剧烈地沸腾。为什么你从来没有见过这种情况发生？并不是因为它们绝对不可能，而是因为它们极不可能发生。分子的速度本来是向一切方向随机分布的，但事实上，如果计算它们由于纯粹偶然而取得上述分子速度分布的概率时，你得到的数字会非常微小，跟空气中所有气体分子都集中在一个角落里的概率一样小。类似地，由于相互碰撞，一些分子失去大部分动能，而另一些分子的动能明显高于其他分子，这种情况发生的概率也小得微乎其微。在这里，我们通常观察到的速度分布，就是有着最大概率的分布。

如果我们现在以一种分布开始，它与分子的位置或者速度的最大概率分布不同，比如把一些气体从房间的一个角落里抽出去，或者把一些热水倒在冷水上面，接着将发生一系列物理变化，它们将让系统从这种概率较低的状态转变为概率最高的状态。气体将在整个房间中扩散，直到各处均匀为止，热量将从玻璃杯的上端向底部流动，直到各处水温相等为止。于是我们可以说，所有取决于分子不规则热运动的物理过程都走向概率增加的方向，而在不再有任何变化时达到平衡，对应于概率的最大值。我们已经在房间里的空气这个例子中看到，各种分子分布的概率经常是用非常不方便的小数字表达的（如空气集中在房间的一半中的概率为 $10^{-3 \times 10^{26}}$），因此人们习惯性地使用这些概率的对数。人们把这个数值叫作熵，它在与物体的不规则热运动有关的所有问题上扮演了突出的角色。于是，我们现在可以把前面有关物理过程概率变化的陈述改写成如下形式：在一个物理系统中发生的任何自发变化都朝向熵增加的方向，而最后的平衡状态都对应着熵的最大可能值。

这就是著名的熵定律，也叫热力学第二定律（第一定律是能量守恒定律），而且正如你看到的那样，其中没有任何让你害怕的东西。

熵定律也可以叫作无序增加定律，因为我们已经在上述所有例子中看到，当分子的位置与速度完全随机，以至于任何要在它们的运动中引入每种秩序的尝试都将导致熵减少时，熵才会达到最大值。还有另一个有关熵定律的更具实际意义的设想，可以通过将热转变为机械运动的问题实现。如果还记得热实际上是分子的不规则机械运动，我们就很容易理解：将某个给定物质体的热能全部转变为大尺度运动的机械能，这就相当于强迫那个物体中所有的分子向同一个方向运动。但是，在玻璃杯中一半水可能自发地射向天花板的那个例子中，我们已经看到，这样一种现象实际上是不可能发生的。所以，尽管机械能可以完全转化为热能（例如通过摩擦），但热能永远无法完全转化为机械能。这就排除了所谓"第二类永动机"的可能性[1]，这种机器从正常温度下的物质体中吸取热量使之变冷，并利用这样得到的能量做机械功。例如，我们无法建造这样一艘轮船，它锅炉中的蒸气不是靠烧煤产生的，而是从大洋中的水中得到的，人们先把水泵入机房，然后把冰块（热量被抽走了）倒入海中。

但一般的轮船又是如何在不违反熵定律的情况下把热能转变为动能的呢？这是做得到的，事实上，在蒸汽机中，只有一部分通过燃料燃烧释放的热量被真正转换成了动能，更大的部分则以尾气的形式散发到了空气中，或者被特别设置的蒸气冷却器吸收。这种情况下，在我们的系统中的熵有两个相反的变化：（1）一部分热转化为活塞的机械能，因此造成了熵减少；（2）另一部分热从热水锅炉向冷却器中流动，造成了熵的增加。熵定律只要求系统的熵总量增加，这一点可以通过第二项大于第一项轻易做到。现在让我们考虑，把一个5磅的重物放在离地6英尺的搁板上，通过这个例子我们或许能更好地理解这种情况。根据能量守恒定律，这个重物在没有外力帮助的情况下自发上升到天花

---

1 这样叫是要与"第一类永动机"相区别，后者违背了能量守恒定律，要在没有能量供给的情况下做功。

板的高度上是极不可能的。另一方面，让这个重物的一部分落到地板上，并利用这样释放的能量将另一部分抬高却是可能的。

用类似的方法，如果一部分熵可以补偿性地增加，我们则可以降低系统中另一部分熵。换言之，考虑分子的无序运动，我们可以在一个区域内带来某种有序，只要不介意让它将其他区域变得更加无序即可。在许多实际情况下，如热机的情况下，我们不介意这一点。

5.统计涨落

前面一个段落的讨论肯定让你明白了，熵定律及其一切推论都是完全建立在宏观物理学的事实基础上的，我们总是在处理数目庞大的不同分子，这让以建立在概率考虑基础上的任何预言都变得几乎是绝对肯定的事实。然而，当我们考虑数量很小的物体时，这种预言会变得远没有那么肯定。

所以，现在我们不再像上一节那样考虑充满房间的空气，而是考虑一个体积小得多的气体，比如一个棱长百分之一微米[1]的立方体，这时的情况看上去就会完全不同了。事实上，因为这个立方体的体积是 10^{-18} 立方厘米，因此其中只含有 $\dfrac{10^{-18} \times 10^{-3}}{3 \times 10^{-23}} = 30$ 个分子，它们全都集中在原来体积的一半中的概率是 $\left(\dfrac{1}{2}\right)^{30} = 10^{-10}$。

另一方面，因为这个立方体的体积小得多，这些分子的位置每秒

1　1微米是0.0001厘米，通常用希腊字母Mu（μ）标记。

将重新排布5×10^{10}次（速度为0.5千米每秒，而距离只有10^{-6}厘米），结果每秒我们都会有一次发现，立方体中的一半是空着的。不言而喻，如果只有一部分分子集中在这个小立方体的一端，这种情况的发生就更经常了。例如，一端有20个分子，另一端有10个分子（即其中一端只比另一端多10个分子），这种分布的出现频率将是$\left(\dfrac{1}{2}\right)^{10} \times 5 \times 10^{10} = 10^{-3} \times 5 \times 10^{10} = 5 \times 10^{7}$，也就是每秒5000万次。

所以，在某个小尺度内，空气中分子的分布与均匀分布相去甚远。如果显微镜有足够的放大率，我们应该能够看到，小规模的较大分子浓度会在气体中的不同地方瞬间形成，但它们会很快消失，并被其他的类似浓度取代，出现在其他地方。这种效应叫作密度涨落，它在许多物理现象中扮演了重要角色。举例来说，当阳光通过大气时，这些非均匀区域将引起光谱中蓝色光的散射，让天空出现我们熟悉的颜色，并让阳光看上去比真实情况更红一些。这种变红的效应在日落时更为明显，因为那时阳光必须穿透更厚的空气层。如果没有这些密度涨落，天空看上去将永远是完全黑色的，我们会在白天看到星辰。

尽管不那么明显，但密度涨落和压强涨落也会类似地出现在普通的液体中，而我们也可以用另一种方式描述布朗运动形成的原因，即认为悬浮在水中的微小粒子之所以乱动不已，完全是因为作用在它们的各个面上的压力在迅速变化。当液体被加热到接近沸点时，密度涨落会变得更加明显，让液体呈现略微的乳白色。

统计涨落在如此微小的物体上是头等重要的问题。我们现在可以问，熵定律是否可以应用在它们身上？当然，一个细菌的一生都是在被分子冲撞的蹂躏中度过的，它会对热能无法变成机械能的说法嗤之以鼻！但在这种情况下，更正确的说法是熵定律没有顾及它的感觉，而不能说它不正确。事实上，这项定律说的只不过是分子运动无法完全转化为数目极大的不同分子组成的大型物体的动能而已。对于一个并不比分子本身大多少的细菌，热运动与机械运动之间的区别实际上已经消失了，对于折磨自己的分子碰撞，它的感觉应该跟我们在激动的人群中被其他人推搡的感觉相差无几。如果我们是细菌，只要把自己捆绑在飞速转动的轮子上，应该就可以建造一台第二类永动机，但这时我们已经没有大脑来想办法利用它了，因此，我们完全没有理由因为自己不是细菌而感到遗憾！

生命体似乎呈现了一个与熵增加定律矛盾的例子。其实，一棵正在生长的植物从空气中摄入简单的二氧化碳分子，从土壤中摄入水分，把它们变成组成自己的复杂有机物分子。从简单分子到复杂分子的转变意味着熵的减少；事实上，在燃烧树木这一正常过程中，组成树木的有机分子分解形成了二氧化碳和水蒸气，这时候的熵确实增加了。真的如同过去的哲学家们鼓吹的那样，植物会在某种神秘的生命力的支持下，在自己的生长中对抗熵增加定律吗？

对这个问题的分析表明，这种矛盾并不存在，因为除了二氧化碳、水和某些盐类之外，植物的生长还需要大量阳光。除了作为贮藏在生长中的植物的物质之内，在燃烧时可以释放的能量，阳光还带来了所谓"负熵"（即低熵），而当阳光被植物的绿叶吸收时，负熵就消失了。所以，发生在植物的叶子上的光合作用牵涉两种相关过程：（1）阳光中的光能向复杂的有机物分子的化学能的转化；（2）用阳光中的低熵降低将简单分子转化为复杂分子这一过程中的熵。使用"有序对无序"中的说法，我们可以说，当绿叶吸收光辐射时，后者在来到地球上时的内部秩序被掠夺，这一秩序被赋予分子，允许它们形成更为复杂、更有秩序的形体。植物用无机化合物建造了自己的身体，吸收阳光得到了负熵（秩序），而动物必须食用植物或者互相吞食取得负熵，可以说，它们是负熵的二手消费者。

9　生命之谜

1.我们是细胞构成的

在有关物质结构的讨论中，我们迄今有意避免提及一组相对较小却极为重要的物质体，它们与宇宙中一切其他物体都不同，因为它们是独有的活的生命体。是什么造成了生命体与无生命体之间的这一重要差别？运用物理学的基本定律，我们成功地解释了无生命物质的性质，现在我们以这些定律为基础理解生命现象，又有多大的可信度呢？

说到生命现象时，我们脑海中经常会浮现出一些相当大而且复杂的活的生命体，如一棵树、一匹马、一个人。但想要通过整体检查如此复杂的有机体系来研究生命体的基本性质，将是徒劳的尝试，就像想从汽车这样复杂的机器入手了解无机物质的结构一样。

一辆奔跑的汽车是由成千上万零件组成的，它们形状各异，是在不同的物理状态下用不同的材料制成的。意识到这一点时，我们面对的困难是显而易见的。它们中有些是固体，如钢架大梁、铜丝和挡风玻璃；有些是液体，如散热器中的水，油箱中的汽油和汽缸油；有些是气体，如从汽化器中输入汽缸的油气混合物。于是，在分析一个像汽车这样复杂的物质时，第一步便是将它分解为物理性质相同的各种组成部件。这样我们便发现，它的组成部分包括不同的金属物质（如钢、铜、铬等），玻璃质物体（如玻璃和塑料物质），以及各种均匀液体（如水和汽油）。

接着，我们可以进一步分析，而且在使用了我们拥有的物理学研究方法之后，发现铜零件是由不同的小晶体规则层组成的，而这些小晶体是由严格按照规则紧密排列的一层层铜原子组成的；散热器中的水是由大量相对松散地堆积在一起的水分子组成的，它们每个都是由一个氧原子和两个氢原子组成的；大批来自大气中的氧气与氮气分子可以自由运动，它们和汽油蒸气的分子混合，组成了通过阀门进入汽缸的气化室混合气体，而汽油是由碳和氢的原子组成的。

类似地，在分析一个复杂的生命有机体如人体时，我们必须首先把它分解成不同的器官，如大脑、心脏和胃，然后再分解为各种生物学均质材料，统称"组织"。

在某种意义上，复杂的生命有机体是用不同类型的组织建造的，这和机械装置是用不同的物理学均质材料建成的是一样的。解剖学与生理学是分析建立生命体的不同组织的性质，进而分析生命体功能的科学。在这种意义上，它们与工程科学对等，后者研究各种不同机械的工作原理，其基础是用于建造机器的各种物质材料的已知力学、磁学、电学和其他性质。

　　所以，对生命之谜的解答无法单单通过观察组织如何聚集形成复杂生命体获得，而是要观察各种原子是怎样形成组织的，因为说到底，是原子组成了每一个有机体组织。

　　如果相信一个活着的生物学均质组织可以与一般的物理均质物质相提并论，这将是一个大错误。事实上，只要对任意选择的某种组织（无论是皮肤、肌肉还是大脑）做一次初步的显微分析，我们就会知道，它是由数量极大的不同单元组成的，它们的性质或多或少决定了整个组织的性质（图90）。我们通常称有机体物质的这些基本结构单元为"细胞"，也可以称它们为"生物原子"（即"不可分割者"），因为某种类型的组织只有在其中至少包含一个单一细胞时才能保留其生物学性质。

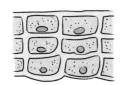

形成植物组织的细胞　　　一个来自肌肉组织的细胞　　　一个来自大脑组织的细胞

图90　各种类型的细胞

　　例如，如果把一个肌肉组织切成只有一个细胞的一半那么大，它将失去肌肉收缩等所有性质，如同只含有半个镁原子的镁已经不再是镁金属，而只是一小块煤！[1]

1　我们应该记得有关镁原子的原子结构的讨论：原子序数12，原子量24，原子核由12个质子和12个中子组成，外围环绕着12个电子。将一个镁原子一分为二，我们将得到两个新原子，每个原子都带有6个原子核中的质子，6个核中子和6个外围电子，换言之，我们将得到两个碳原子。

组成组织的细胞的个头相当小（平均直径只有百分之一毫米[1]）。我们熟悉的任何植物或者动物都一定是由数量极其庞大的不同细胞组成的。例如，一个成熟的人体是由几百万亿个细胞组成的！

当然，组成小些生物体的细胞数目要少些，比如，一只家蝇或一只蚂蚁中含有的细胞数不会超过几亿个。同时还有一大类单细胞生物，如阿米巴变形虫、菌类（比如那些能够引起"藓"病感染的菌类），还有各类细菌，它们也是由一个细胞组成的，只有通过高倍显微镜才能看到。这些不同的活体细胞在复杂的生命体中各司其职，坦然承担着自己的"社会职责"。对它们的研究是生物学史上最激动人心的篇章之一。

为了从总体上理解生命问题，我们必须在活细胞的结构和性质上寻找答案。

到底是活细胞的什么性质让它们与普通无机物质如此不同呢？或者也可以说，让它们与死细胞——比如制造书桌的木头或者制造鞋子的皮革的死细胞——如此不同呢？

活细胞的独特基本性质是：（1）能够从周围环境中吸收对其结构必需的物质；（2）能够将这些物质转变为可以让其机体成长的物质；（3）当其几何尺寸足够大时，能够分裂为两个大小为自己一半的类似细胞，而且它们能够生长。这些能够"吃"、"生长"和"增殖"的能力当然是一切由不同细胞形成的更复杂的生命体所共用的。

一个具有批判精神的读者或许会反对这一点，认为这三种性质也可

1　单个细胞有时候很大，例如鸡蛋黄就是一个熟悉的例子，我们知道它只是一个细胞。然而，在这些情况下，细胞中对应于其生命的关键部分还是只有微观尺度，大块的黄色物质只不过是为了鸡胚胎的发育积蓄的食物而已。

以在普通的无机物质中找到。例如，如果我们在盐的过饱和溶液[1]中加入一小块盐的晶体，这块晶体就会从水中提取（更好的说法是"夺走"）盐分子，不断地让它们加入自己的表面，从而不断地成长。我们甚至可以想象，由于某些力学效应，例如，晶体的生长增加了重量，在达到某种大小之后分为两半，而这样形成的"晶体宝宝"将会继续生长。为什么我们不可以把这样的过程称之为"生命现象"呢？

在回答这个问题以及类似问题时，首先我们必须说，如果只是简单地把生命考虑为一种更为复杂的物理和化学现象，我们就不应该认为在这二者之间会出现泾渭分明的界限。类似地，使用统计定律描述某种由极端大量分子形成的气体的行为（见第8章）时，我们无法确定这种描述在多大的有效极限之内是准确的。事实上我们知道，房间中的空气不会突然集中在一角，或者至少这种不同寻常的事件发生的机会小得可以忽略不计。但我们也知道，如果整个房间里只有两个或者三个或者四个分子，这种情况就会经常发生。

每种说法都有适用的数字，适用这两种说法的数字的准确分界线在哪里呢？1000个分子？100万个？10亿个？

盐在水溶液内结晶是一个简单的分子现象，活细胞的生长和分裂是一个与之相比复杂得多但并无基本区别的现象。类似地，在下降到基本的生命过程时，我们无法预期在这两种现象之间能够找到一个明确定义的分界线。

然而，有关这个特例，我们可以说，晶体在溶液中的生长不应该被

1　可以通过在热水中溶解比较多的盐后冷却至室温的方法配制过饱和溶液。因为盐在水中的溶解度随着温度的下降而降低，在水中的盐将多于溶液中可以容纳的数量。这样一来，额外的盐分子会长期存在于溶液中。但是，如果我们向溶液中投入一小块结晶，它便可以成为某种初始刺激，变成了大结晶的组织者，这时才会有大批盐分子从溶液中逸出。

视为一种生命现象，因为晶体赖以生长的"食物"未经改变形式便被吸收到了身体中。此前与水分子混合的盐分子只是把自身集中在正在生长的晶体表面上。这里只有物质的普通的机械增加，而没有典型的生物同化。而且，晶体的增殖是由于重力这个纯粹的机械力造成的结果，是偶然断裂形成的不规则部分，并没有预先确定的比率；而活细胞的生物分裂是准确一致地分裂成为两半，主要是通过内力造成的；二者之间的共同之处很少。

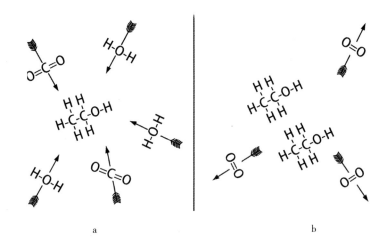

a   b

图91 一个酒精分子怎样组织水分子和二氧化碳分子形成另一个酒精分子的图解说明。如果这种酒精的"自合成"过程真的可能实现，我们应该将酒精视为一种生命物质

举例来说，如果二氧化碳气体的水溶液中有一个单独的酒精分子（C_2H_5OH），导致水分子和溶解在水里的气体二氧化碳分子的一对一结合，出现了自支持的合成过程，形成了新的酒精分子，这时我们才真的

有了一个与生物过程相像得多的类比[1]（图91）。的确，如果向一杯普通的碳酸饮料里面加入一滴威士忌就能让它变成纯威士忌的话，我们就必须承认酒精是生命物质了！

这个例子并不像表面看上去的那么难以置信，因为我们以后将会看到，其实真的存在一类叫作"病毒"的化学物质，它们的分子非常复杂，每个都由数以十万计的原子构成，而且确实执行着组织任务，要让周围环境中的其他分子形成与它们类似的结构。我们必须将这些病毒粒子视为普通的化学分子，但同时也视为生命体，因此它们就是在生命和无生命物质之间"缺失的环节"。

现在我们必须回头讨论普通细胞的生长与增殖问题了。尽管这些细胞非常复杂，但与分子相比却相差甚远，必须认为它们是最简单的生命体。

通过一台高倍显微镜观察一个典型的细胞，我们将看到，它是由半透明的凝胶状物质构成的，有非常复杂的化学结构，统称为细胞质。它的周围环绕着细胞壁。动物细胞的细胞壁很薄，富有弹性，而各种植物细胞的细胞壁很厚重，能让它们的身体非常结实（参看图90）。每个细胞的内部都有一个叫作"细胞核"的球形小体，一种叫作"染色质"的物质组成的精细网络包裹着它（图92）。在这里我们必须注意：正常情况下，形成细胞体的细胞质的不同部分具有相同的光学透明度，因此我们无法简单地通过在显微镜下的观察看清活细胞的结构。为了看到它们的结构，我们必须利用细胞质不同结构的各部分对染色物质的吸收程度

1　例如发生这样一个假想的反应：

　　$3H_2O + 2CO_2 + [C_2H_5OH] \rightarrow 2[C_2H_5OH] + 3O_2$，

　　此处一个酒精分子导致了另一个酒精分子的形成。

不同这一特点，给细胞的各种物质染色。形成细胞核网络的物质对染色过程特别敏感，在颜色较浅的背景下清晰可见。[1] 这就是"染色质"名字的由来，希腊文意思是"能够吸收颜色的物质"。

当细胞在为至关重要的分裂做准备时，细胞核网络的结构比以前变得更加多样化，但看上去是由一套不同的粒子组成（图92b和92c），通常是纤维状或者棍状，叫作"染色体"，即"可以染上颜色的身体"（全页插图V的A与B）。[2]

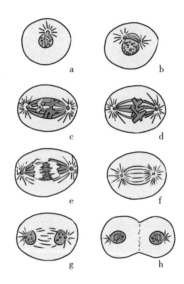

图92 细胞分裂的连续阶段（有丝分裂）

---

1 同理，你可以用白蜡在一张纸上写字。那些字只有在用一支黑铅笔轻轻地涂满那张纸后才看得见。因为铅笔的石墨铅芯不会粘在覆盖着蜡的地方，你的字迹便在颜色较深的背景下显现出来了。

2 我们必须记住，在对活细胞应用染色过程时，我们通常会杀死这个细胞，从而结束它的进一步发育。因此，如图92这类连续的细胞分裂图都不是从单一细胞上观察到的，而是通过对发展阶段不同的多个细胞染色（同时杀死）的结果。但从原则上说，这样做不会产生多大差别。

　　在某种特定物种身体上的所有细胞（除了所谓的生殖细胞）都有同样数目的染色体，高等生物体内的染色体数量通常大于低等生物体。

　　小小的果蝇有一个相当神气的拉丁名字，叫作黑腹果蝇，它们曾帮助生物学家理解了生命的基本谜团中的许多事情。它们的每个细胞中都有8条染色体。豌豆这种植物有14条染色体，而玉米有20条。生物学家们以及所有其他人类的细胞都很自豪地拥有46条染色体。人们很可能会把这一点视为人类要比果蝇强5倍的算术证据，但不幸的是，小龙虾的细胞含有200条染色体，居然比人要强4倍以上！

　　在有关各种生物物种的细胞中的染色体数目问题中，有一点很重要：它们总是偶数。事实上，在每一个活细胞中（除了本章后面要讨论的例外情况）都有两套几乎完全一样的染色体（全页插图ＶＡ），其中一套来自母体，另一套来自父体。这两套来自双亲的染色体携带着所有生命体代代相传的复杂遗传性质。

　　细胞分裂的最初行为是染色体进行的，它们中的每一个都工整地沿着身长分为两个完全一样但较细的纤维，在此之前，整个细胞还是一个完整的单元（图92d）。

　　在原来缠绕着的细胞核染色体开始为分裂做准备的时候，有两个相距很近并且靠近细胞核外边界、叫作中心体的点状物逐步相互离开，运动到了细胞两端（图92a，b，c）。似乎也出现了一些细丝，把这两个中心体与细胞核内的染色体连接。染色体分裂成两条后，每一半都与对面的中心体相连，并因为丝线的收缩而远离另一个（图92e和92f）。这一过程快结束的时候（图92g），细胞壁开始沿一条中心线向内凹陷（图92h），一道细细的壁开始横跨细胞每一半身体生长，两半细胞相互脱离，于是产生了两个不同的新细胞。

　　如果这两个新生细胞能够从外界得到足够的食物，它们将成长为与它们的母体同样的大小（增殖系数为2），而且在一段休息期后会经历进一步分裂，经历与它们的诞生相同的过程。

这种对细胞分裂的不同步骤的描述是直接观察的结果，也差不多是科学家能够尝试解释这一现象的极限，因为在理解造成这一过程的物理化学力的确切性质方面，人们的观察结果还很少。如果要做直接的物理学分析，细胞作为一个整体似乎还过于复杂，而在探讨这一问题之前，我们必须理解染色体的本质。这个问题相对简单一些，我们将在下一节讨论。

但首先，考虑细胞分裂对于大量细胞组成的复杂生命体的生殖过程所起的作用是非常有用的。我们在这里或许很想问一个问题：先有鸡还是先有蛋？但真实的情况是：在描述这样的一个循环过程时，无论我们从一只将会孵化出鸡或者别的动物的"蛋"开始，或者从一只将会下蛋的鸡开始，其实都是可以的。

假设我们从一只刚刚从蛋壳里出来的"鸡"开始。从它孵出来（或者说诞生）的那一刻开始，它体内的细胞就开始了一个持续分裂的过程，生命体开始迅速地成长与发展。我们还记得，一个成熟的动物体内包含着几万亿个细胞，因此我们会很自然地立刻相信，为了得到这样的结果，一定会有数量极大的分裂过程。然而，我们曾在第1章中讨论过两个问题：达希尔只用了64个看似简单的几何级数步骤，就让心存感激而又疏忽大意的国王答应给他不知多少粮食；世界末日问题中重新排列那64个圆盘需要多少年。从这两个问题中我们就可以看出，其实并不需要多少轮持续分裂就会产生相当多的细胞。如果我们假设一个成熟的人类需要x轮分裂才能得到足够的细胞，并且记住，每经过一轮分裂，正在成长的身体中的细胞就会增加一倍（因为每个细胞都会变成两个），我们便可以通过方程$2^x=10^{14}$计算，得出在单一卵细胞形成到人体成熟之间需要47轮细胞分裂的结果。

因此可以看到，我们身体中的每一个细胞，都是最初卵细胞的大约第五十代后裔，正是那个卵细胞让我们今天得以存在。[1]

　　年幼动物体内的细胞分裂进行得相当迅速，而在正常情况下，一个成熟个体中的大部分细胞处于"静止状态"，分裂只会偶尔发生，以保证在生命期间"维持"身体，并补偿损耗和脱落。

　　现在我们要讨论一种非常重要的特殊细胞分裂类型，它将导致所谓的"配子"，即"婚姻细胞"的形成，后者负责生殖现象。

　　在任何有两性的生命体中，都会有一些细胞在诞生初期被放在一边"保存"，用于将来的生殖行为。这些细胞位于特定的生殖器官内，在生命体成长期间，它们经历的正常分裂远比身体中任何其他细胞都少得多，因此，当接到召唤，执行生产新后代的任务时，它们都还是生机勃勃、精力旺盛的。而且，与上述正常的身体细胞分裂相比，这些生殖细胞的分裂是以一种简单得多的不同方式进行的。形成它们的细胞核的染色体不像正常细胞那样分裂成两个，而是简单地相互分开（图93a，b，c），结果每个子细胞只接受了原来那套染色体的一半。

　　专注的读者或许会考虑，最初的生殖细胞应该如何分裂为两个相等的部分才能出现带有雄性或者雌性性质的配子。前面在说染色体总是完全相同地成对存在时曾经提到了一个例外，对上述问题的解释就在这个例外当中。只有一个染色体对，雌性的两个是完全相同的，而雄性的两个却是不同的。这些特别的染色体叫作"性染色体"，以X和Y区别。雌性身体的细胞总有两条X染色体，而雄性身体的细胞却有一条X染色体和一条Y染色体。[2]用一条Y染色体替换一条X染色体，这是两性之间的根本差

1　比较这一计算及其结果和第7章中有关原子弹爆炸的类似计算是很有趣的。1千克铀元素总共含有2.5×10^{24}个原子。要让其中每个原子裂变所需的原子分裂过程的轮次数也可以用类似的方求得：$2^x=2.5\times10^{24}$，计算结果为$x=61$。

2　这段话对人类和所有哺乳动物来说都是正确的。然而，鸟类的情况相反；公鸡有两条完全相同的性染色体，而母鸡的两条性染色体是不同的。

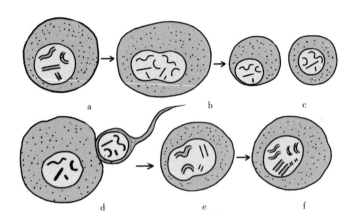

图93 配子的形成（a，b，c）和卵细胞的受精（d，e，f）。在第一个过程（减数分裂）中，预留的生殖细胞的成对染色体在不经预先分裂便分离成两个"半细胞"。在第二个过程（配子配合）中，雄性的精子细胞进入了雌性的卵细胞，它们的染色体进行配对。由此，受精卵细胞开始准备图92所示的有规律的分裂

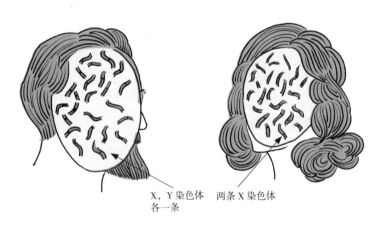

X，Y 染色体
各一条   两条 X 染色体

图94 男人与女人的"面值"差别。尽管女人身体内的所有细胞都包含23对两两相同的染色体，但男人的细胞中却有一对是不对称的。这一对染色体不是女人的两条X染色体，而是一条X染色体，一条Y染色体

别（图94）。

保存在雌性生命体中的所有生殖细胞都有一套完整的X染色体，当它在成熟分裂的过程中变为两个时，每一半细胞即配子接受一个X染色体。但因为每个雄性生殖细胞有一个X染色体和一个Y染色体，当它们中的一个分裂时，产生的两个配子，其中一个含有X染色体，另一个含有Y染色体。

在受精过程中，一个雄性配子（精子细胞）与一个雌性配子（卵细胞）结合时，得到的结果是带有两条X染色体的细胞，或者是带有一条X染色体、一条Y染色体的细胞，机会五五开。第一种会发育成女孩，第二种会发育成男孩。

我们将在下一节讨论这个重要问题，而现在则继续描述生殖过程。

雄性的精子细胞与雌性的卵细胞结合的过程叫作"配子配合"，它们形成了一个完整的细胞，然后这个细胞便在图92描述的"有丝分裂"过程中分裂为两个。在一段短暂的休息之后，这两个新形成的细胞各自又分裂为两个：这四个新出现的细胞全都在继续这一过程，以此类推。每个子细胞都从最初的受精卵那里接受所有染色体的准确复制。其中一半来自母体，另一半来自父体。受精卵逐步向成熟个体发展（图95）。在a中，我们可以看到精子正在进入静止的卵细胞。

两个配子的结合刺激了完整细胞的一个新行为，它现在首先分裂为两个，然后分裂成4个、8个、16个……（图95b，c，d，e）当不同细胞的数目变得非常大时，它们往往会自行安排，让所有细胞都位于表面，那里是从周围的营养介质中取得食物的更好位置。在这个发展阶段，生命体看上去像一个内部带有空腔的泡泡，叫作"囊胚泡"（f）。然后，空腔的壁开始向内弯转（g），生命体进入了一个叫作"原肠胚"的阶段（h）。这时它看上去像一个有开口的小口袋，这个开口既可以摄入新鲜食物，又可以排出消化过的废料。珊瑚一类的简单动物的发展就会到

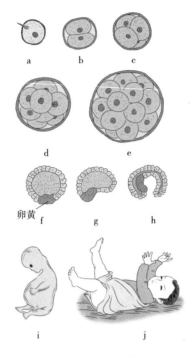

卵黄

图95 从卵细胞到人

此为止。然而，对于更为高等的动物，这一生长和进化的过程仍然在持续。有些细胞发展为骨骼，还有些发展为消化系统、呼吸系统和神经系统，经历了不同的胚胎阶段（i），生命体最后成为一个幼年动物，从中可以看出这是这个物种的一个成员（j）。

如上所述，早在初期阶段，成长中的生命体的一些发展细胞就被放到一边，可以说是为了将来的繁殖作用而被保存了起来。这个生命体成熟时，这些细胞经历了减数分裂，产生了配子，它们又从头开始整个过程。于是生命便继续向前发展。

2.遗传与基因

生殖过程中最引人注目的特点是这样一个事实：新的生命体通过双亲的配子诞生，但它们并没有随便成长为任意一种生命体，而是成长为一个对它父母以及父母的父母的非常忠实的复制，虽然这种复制并不一定完全精确。

其实我们可以肯定，如果一只小狗崽的父母是爱尔兰塞特犬，那么它不仅不会看上去像大象或者兔子，而且也不会长得像大象一样大，或者到了兔子那么大就不再长了。它会有四条腿，一条长尾巴，头的两侧有两只耳朵和两只眼睛。我们也可以很有把握地断定，它的耳朵会柔软地耷拉下来，它会长着长长的金棕色的毛，它还可能非常喜欢捕猎。而且，它还会有一些较小的特点，有些来自它的父亲，有些来自它的母亲，或许还有一些来自它的某位远祖，也会有一些它自己的特点。

这只爱尔兰塞特犬的孕育始于两个配子的结合，它们是怎样在如此微不足道的物质中携带着所有这些特点的呢？

如前所述，每个新的生命体都会从父亲那里得到一半染色体，而另一半来自母亲。这显然是某个特定物种必定会保存在父体和母体染色体中的主要特点，而不同的较小的性质可以在不同的个体中有所不同，它们可以分别来自父母中的某一方。而且，现在很少有人怀疑，在经过了漫长的时期和很多个世代之后，尽管各种动物和植物的基本性质或许有所改变（生物进化就是这种改变的证据），但这都只不过是对不那么重要的特征的相对小的改变，我们在有限时间内的观察中只能注意到这些改变，这些是人类已有的知识。

对这种特征和它们从父母向孩子传递的研究，是遗传学这门新科学的主要课题。尽管它还处于孩提阶段，但遗传学已经能够告诉我们有关生命最本质秘密的每一个激动人心的故事。例如，我们已经知道，与大部分生物学现象不同，遗传定律具有近乎数学式的简单性，说明我们在这里研究的是生命的最基本的现象。

众所周知，色盲是人类视力的一种缺陷，最普通的形式是无法分辨红色和绿色，我们不妨以此为例做一个讨论。想要解释色盲，首先必须知道我们为什么能够看到颜色，这就要对视网膜复杂的结构和性质加以研究，也要对涉及不同波长的光造成的光化学反应加以研究，等等。

但如果我们提出一个有关色盲的遗传问题，乍一看它似乎比解释色盲现象本身更为复杂，答案却出人意料地简单。根据观察到的事实，我们知道：（1）色盲的男性比色盲的女性多得多；（2）色盲男性与"正常"女性的孩子绝不会是色盲；（3）色盲女性与"正常"男性的孩子中，儿子是色盲而女儿不是。我们知道的这些事实清楚地说明，色盲的遗传或多或少与性别有关。现在我们只需要假定，色盲这一特征是某一条染色体的缺陷造成的，它会通过这条染色体代代相传，这样就可以用我们已有的知识进行逻辑推断：色盲是我们前面命名的X性染色体的缺陷造成的。

有了这个假定，有关色盲的经验规律就清楚了。请记住，雌性生殖细胞有两条X染色体，而雄性生殖细胞只有一条（另一条是Y染色体）。如果男人的这一条染色体有缺陷，他便有色盲。而对于女人，她的两条X染色体都必须有缺陷，才会色盲，因为一条X染色体便足以保证对颜色的感知。假定一条X染色体有颜色缺陷的可能性是千分之一，那么男人是色盲的概率就是千分之一。我们便可以推理，一个女人的两条X染色体都有颜色缺陷的概率可以用概率乘法定理计算（见第8章），

$\dfrac{1}{1000} \times \dfrac{1}{1000} = \dfrac{1}{1\,000\,000}$，所以女人有色盲的概率为百万分之一。

现在让我们考虑色盲丈夫和"正常"妻子的情况（图96a）。他们的儿子不会从父亲那里得到X染色体，而从母亲那里得到一条"好的"X染色体，因此不可能是色盲。

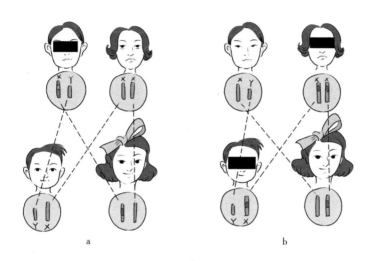

图96 色盲的遗传

另外，他们的女儿会从母亲那里得到一条"好的"X染色体，从父亲那里得到一条"坏的"X染色体，她不会是色盲，但她的孩子（儿子）有可能是。

而色盲妻子和"正常"丈夫的情况刚好相反（图96b），儿子必定是色盲，因为他只有一条X染色体来自母亲；而女儿会从父亲那里得到一条"好的"X染色体，从母亲那里得到一条"坏的"X染色体，她不会是色盲。但会和前面的情况一样，她的儿子可能会是色盲。如此简单！

色盲这类遗传性质需要一对染色体全都有缺陷才能带来明显的效

果，我们称其为"隐性遗传"。它们可以通过隐藏的形式从爷爷传给孙子，结果会造成这样悲惨的事实，即两只漂亮的德国牧羊犬偶尔会生下看上去跟自己完全不同的小狗。

与此相反的还有一种所谓的"显性遗传"，即只要一对染色体中的一条受到影响就能带来明显的后果。为了不涉及遗传学的真实材料，我们用一只想象中的傻兔子（对不起，把它当成兔子就行了）加以说明。这只傻兔子有一对像米老鼠那样的耳朵。如果假定"米老鼠耳朵"是一种显性遗传特征，也就是说，只要一条染色体就足以让耳朵长成这种怪样（对兔子来说），我们就可以预测兔子后代的耳朵的模样，结果请看图97，其中假定最初的那只傻兔子的后代和后代的后代都和正常的兔子交配。图中在造成"米老鼠耳朵"的那条偏离正常的染色体上打了个黑点作为标记。

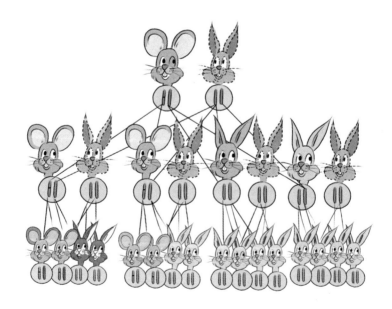

图97

除了显性和隐性这两种截然不同的遗传特征之外，还有一种或许可以叫作"中间型"的遗传特征。假定我们在花园里种了红色和白色的茉莉花。来自红花植物的花粉（植物的精子细胞）被风或者昆虫带到了另一株红花植物的雌蕊上时，它们会和位于雌蕊基上的胚珠（植物的卵细胞）结合，并发展成也开红花的植物种子。当然，如果白花的花粉授给其他白花，下一代的花仍然是白色的。但是，如果白花的花粉落在红花上或者反过来，由此产生的种子会开粉红色的花。然而，很容易看到，粉红色的花并不是一个生物学上稳定的品种。如果在其内部进行繁育，我们将会发现，下一代将有50%的花是粉红色的，25%的花是红色的，25%的花是白色的。

如果我们假定，开红花或者开白花的性质是由植物细胞中的一条染色体携带的，而且为了得到纯色花朵，染色体对中的两条染色体都必须是相同的，我们就可以很容易地得到答案。如果一条染色体是"红色"，而另一条是"白色"，颜色之战的结果是粉红色的花。观察图98中有关"颜色染色体"在后代中分布的说明，我们可以看到上述数值关系。如果再画一幅与图98类似的示意图，我们也可以很容易地证明，如果同时栽培白色与粉红色的茉莉，第一代后代的50%是粉红色的，另外50%是白色的，但没有红色的。与此类似，红色与粉红色的花将有50%的红花和50%的粉红花，但没有白花。这就是遗传定律，是19世纪一位谦虚朴实的莫拉维亚教派修士格雷戈尔·孟德尔（Gregor Memdel）[1]在布朗斯（Brans）附近的修道院里种植豌豆时发现的。

---

1 格雷戈尔·孟德尔（1822—1884），奥地利遗传学家，天主教圣职人员，遗传学的奠基人。——译者注

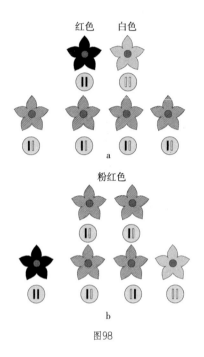

图98

迄今为止，我们一直在把幼年生命体遗传的各种性质与它从父母那里接受的不同染色体相联系。但是，与相对数量较小的染色体数目（果蝇每个细胞中有8条，人每个细胞中有46条）相比，存在着许多不同的性质，其数量远远超过染色体的数目，因此，我们只好承认，每一条染色体携带着一长串不同的特征。我们可以想象，决定这些特征的物质是分布在它细长的纤维状身体上的。事实上，全页插图Ⅴ中的图A表现了果蝇[1]的唾液腺，通过观察，我们必然会有这样一个印象，即那一大批沿着染色体细长身体分布的暗带是染色体携带不同性质的地点。这些横向条

1　与其他大多数情况不同，在这一特定情况下的染色体特别大，我们可以用显微镜方法很容易地研究它们的结构。

带中有些可能决定了果蝇的颜色，有些可能决定了它翅膀的形状，还有一些可能决定了它有六条腿、每条腿大约四分之一英寸长，它总的来说看上去像一只果蝇，而不像蜈蚣或者小鸡。

而且，事实上，遗传学也告诉我们，这样的印象是正确的。人们不但可以证明染色体的这些叫作"基因"的微小结构单元本身携带着各种遗传信息，而且在许多情况下，人们也可以说出哪个特定的基因携带着哪种特定信息。

当然，即使在最高倍数的显微镜下，所有的基因看上去也几乎都是一样的，它们的功能差别被深深地隐藏在它们的分子结构内的什么地方。

因此，要发现这些基因各自的"生命目的"，人们只能仔细研究某种动植物是怎样一代代传递不同的遗传信息的。

我们已经看到，任何新的生命体都从它的父亲和母亲那里获得一半染色体。因为父亲与母亲的两套染色体又来自它们自己父母染色体的五五开混合，我们也许认为，这个孩子从祖父母、外祖父母那里只能分别得到一个人的遗传特性。然而我们知道，这一点并不一定正确，在某些情况下，祖父母、外祖父母都给它们的孙辈留下了遗传特性。

这是否意味着上述染色体转移的想法是错误的呢？不，想法没有错，只是有些过分简化了。特意保留下来的生殖细胞将在成熟分裂这一过程中分裂为两个配子。我们应该考虑的因素是，在准备成熟分裂时，成对的染色体经常相互扭结，可以相互交换组分。图99a和b解释说明了这种交换，它能让从父母那里得来的基因序列混合，这是造成遗传杂乱的原因。也存在着单一染色体被折叠成回路的情况（图99c），它可能会在这种情况下以不同的方式打开，打乱其中的基因顺序（图99c；全页插图ⅤB）。

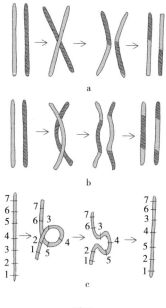

图99

　　这是在一对染色体之间或者一个基因内部的重新排列。很显然，与原来距离较近的基因相比，这种重新排列更有可能影响那些原来相距较远的基因的相对位置，这与切一副扑克牌的情况相同，后者会改变切牌位置上下两部分牌的相互位置，并把原来在最上面的牌和最下面的牌放到一起，但只会把一对连在一起的牌分开。

　　所以，如果观察到两种确定的遗传性质在染色体交换过程中几乎总是在一起，我们就可以得出对应的基因是近邻的结论。反之，对于在染色体交换的过程中经常分开的性质，它们对应的基因必定位于染色体相距较远的位置。

　　按照这种方针工作，美国遗传学家摩尔根（Thomas Hunt Morgan）及其学派以果蝇的染色体为对象，在研究中成功地建立了其基因的确定次序。这份研究发现，果蝇的四条染色体让它成为一个特定物种。图100是一份图表，显示了果蝇的不同特征是如何在这四条染色体上分布的。

图100中显示的图表是针对果蝇做出的，人们当然也可以为更复杂的动物包括人类在内做出这样的图表，当然，这需要更仔细、周详的研究。[1]

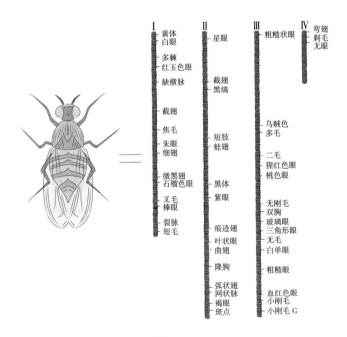

图100

1　人类基因组计划于1990年正式启动，由美国、英国、法国、德国、日本与中国科学家共同参与，于2003年完成，揭开了组成人体的2.5万个基因的30亿个碱基对的秘密，与"曼哈顿原子弹"计划和"阿波罗登月"计划并称三大科学计划。——译者注

3.基因是"活着的分子"

通过一步一步分析生物体极其复杂的结构，我们现在似乎正在触摸生命的基本单元。事实上我们已经看到，成熟生命体的整个发展过程和它实际上的一切性质都由深藏在它细胞内部的一套基因控制。我们可以说，每一种动物或者植物都是"围绕着它的基因成长的"。如果可以做一个高度简化的类比，我们可以把基因和生命体之间的关系与原子核和大团无机物质相比。在这里，某种给定物质的一切物理与化学性质实际上都归结于原子核的基本性质，其实它们不过是一个说明电荷数的数字。例如，携带着6个基本电荷单位的每个原子核的周围会环绕着6个电子，这些原子将因此而倾向于按照正六边形模式排列，并让它们形成我们称之为金刚石的晶体，它们特别坚硬，有很高的折射率。与此类似，电荷数为29、16和8的原子核会产生这样一些原子，它们能够聚集在一起，形成一种蓝色的柔软晶体，我们称之为硫酸铜。当然，即使是最简单的生命体也比任何晶体复杂得多，但其组织活动的微观中心，同样能够最详尽地决定宏观组织的典型现象。

这些组织中心决定了生命体的一切性质，从玫瑰的芳香到象牙的形状，但它们到底有多大呢？用正常染色体的体积除以其中包含的基因的数目，我们就可以轻而易举地回答这个问题。根据显微镜观察的结果，一个平均大小的染色体的粗细大约为千分之一毫米，因此它的体积大约为10^{-14}立方厘米。而遗传育种实验表明，一条染色体能够决定数千种不同的遗传性质。我们可以通过计算得到这个数字，方法是数出横跨果蝇特别大的长长的染色体上的暗带（人们认为它们是不同的基因）的数目[1]（全页插图Ⅴ）。染色体的体积除以基因总数，我们发现，一个基因的体积不大于10^{-17}立方厘米。因为原子的平均体积约为10^{-23}立方厘米$[\approx(2\times10^{-8})^3]$，因此可以得出结论：每个基因一定是由大约100万个原子组成的。

我们也可以估计某种动物基因的总重量，比如说人体中基因的总重量。如前所述，一个成人是由大约10^{14}个细胞组成的，每个细胞含有46条染色体。因此，人体中染色体的总体积大约为$10^{14}\times46\times10^{-14}\approx50\mathrm{cm}^3$，因为生命物质的密度大致与水的密度相当，所以基因的总重量必定小于两盎司[2]。正是这样一个几乎可以忽略的微小数量的"组织物质"，它在自己周围组成了动植物的复杂壳层，其重量是它重量的上千倍，而它"从内部"控制着这个身体生长的每一步和结构的每一个特点，甚至很大一部分行为。

但基因本身又是什么呢？我们是不是必须把它视为一个复杂的"动物"，可以细分为更小的生物单元？对这个问题的回答毫无疑问是"不能"。基因是生命物质的最小单元。而且，我们不但可以断定基因具有生命物质得以与无生命物质区分的一切特征，还确定它们与无生命物质中的复杂分子如蛋白质分子有关系，这些复杂分子遵从我们熟悉的一切普通化学定律。

换言之，我们在基因中发现了生命物质与无生命物质之间缺失的连接，即在本章开始时讨论的"生命分子"。

确实，一方面，基因带有引人注目的永久性，它们在数以千计的世代中，几乎毫无偏差地携带着一个特定物种的一切性质；另一方面，组成一个基因的原子只有相对有限的个数。考虑到这两点，我们只能认

1　正常大小的染色体太小，显微镜研究无法将其分解为单个基因。

2　1盎司=28.35克。——译者注

为，基因是一种精心规划的结构，其中每个原子或者原子团都处于预先确定的位置。不同的基因具有不同的性质，这些性质反映在由它们决定的生命体的外在差异上，因此，我们可以认为，因为基因结构内部的原子有不同的分布，所以它们决定了不同生命体的不同特性。

　　TNT（三硝基甲苯）即黄色炸药，它曾在过去的两次世界大战中扮演了举足轻重的角色。我们不妨以它的分子作为一个简单的例子。一个TNT分子是由7个碳原子、5个氢原子、3个氮原子和6个氧原子构成的，其结构有如下所示的 α，β，γ 三种排列：

α　　　　　β　　　　　γ

　　这三种排列之间的差别全在于3个硝基N〈O 在苯环上的相对位置，人们分别称它们为 α TNT，β TNT，和 γ TNT。这三种物质都可以在化学实验室中合成。它们都具有能够爆炸的性质，但在密度、溶解度、熔点和爆炸威力等方面略有不同。使用标准的化学方法，人们可以很容易地把硝基从分子内的一种位置变换为另一种，从而把一种TNT变成另一种。化学中的这类例子非常普遍，而且分子越大，人们能够做出的品种（同分异构体）就越多。

如果我们将基因视为一个由100万个原子组成的巨型分子，把不同原子团排列在分子内不同位置上的可能性就会大得不可思议。

我们可以把基因想象为由周期性重复的原子团组成的长链，并且这些原子团上连接着各种其他原子团，就好像许多悬挂物挂在手镯上一样。确实，生物学最近大有发展，这让我们可以画出一个这样的遗传"手镯"的准确图像。它是由碳、氮、磷、氧和氢原子构成的，我们称之为核糖核酸（RNA）。在图101中，我们为这个遗传手镯的一部分画出了一个多少有些超现实主义的图画，但氮原子和氢原子没有包括在内。它决定一个初生婴儿的眼睛的颜色。这4个悬挂物告诉我们，这个婴儿的眼睛是灰色的。 通过把各个悬挂物的悬挂地点从一个钩子换到另一个钩子上，我们几乎可以得到无限多种不同的排列。

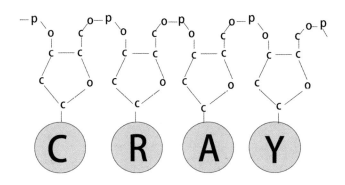

图101　遗传"手镯"（核糖核酸的分子）中决定眼睛颜色的一部分

例如，如果有一个带有10个不同坠饰的手镯，我们可以把它们按照 $1 \times 2 \times 3 \times 4 \times 5 \times 6 \times 7 \times 8 \times 9 \times 10 = 3\ 628\ 800$ 种不同的方式悬挂。

如果有些坠饰是完全一样的，可能的排列数会小一些。所以，如果只有5种坠饰，每种两件，我们只会有113,400种不同的可能性。然而，随着坠饰总数的增加，可能方式的数目急剧增加，例如，如果我们有5种共25个坠饰，每种5个，不同分布的可能性是大约623,300亿种！

于是我们看到，对于一个有不同"悬挂位置"的长链有机物分子，通过改变不同"坠饰"的放置位置的方式，可以形成不同的组合，这些组合的数目极大，不仅超过了已知的一切生命形态的数目，而且能够为我们创造想象中的绝大多数并不存在的动物和植物的形式提供组合。

决定生物体性质的是这些坠饰，它们沿着纤维状基因分子分布非常重要的一点是这种分布可以自发地改变，从而使整个生命体发生相应的宏观变化。这样的变化最普遍的原因是普通的热运动，它让分子的整体如同在强风中的树枝那样弯曲与扭转，造成了整个生物体的宏观变化。在足够高的温度下，这种分子的振动足够强劲，能够让它们分为不同的片段，这个过程叫作热分解（见第8章）。但是，即使在温度较低、分子仍然保持完整时，热振动也可能造成分子结构的一些内部变化。例如，我们可以想象，分子有这样一种扭曲方式，能把某处的一个坠饰在一瞬间带到分子上另一个非常接近的地方。在这种情况下，坠饰与原来的地方脱节并与新的地方连接。

这种现象叫作同分异构转换[1]，在普通化学中分子结构相对简单的情况下会发生，这一点广为人知。它们也和其他一切化学反应一样，遵循化学动力学的基本定律，即温度每上升10℃，反应速率大约增加一倍。

基因分子的结构如此复杂，在从现在起的很长一段时间内，有机化学家们即使费尽心思，可能也无法用直接的化学分析方法弄清它们

1　正如已经解释过的那样，"同分异构"这个词指的是那些以同样的原子构成，却以不同形式排列的分子。

的同分异构变化。然而，对于这种情况，我们有一种方法，从某种角度看，它要比费力的化学分析法好得多。如果这种变化发生在一个雄性或者雌性配子中的基因上，而且这个配子将与异性配子结合诞生新的生命体，这种变化便会被忠实地复制在基因分裂和细胞分裂的持续过程中，并将影响这样产生的动植物的一些易于观察的宏观特征。

　　的确，遗传学研究最重要的结果之一，就是荷兰生物学家德弗里斯（Hugo Marie de Vries）于1902年的发现：生命体的自发遗传变化总是以不连续跳跃的形式发生，这就叫作基因突变。

　　让我们考虑已经叙述过的果蝇育种实验的例子。果蝇的野生品种是灰身长翅，不管什么时候在花园里捉到一只果蝇，几乎都符合这样的标准。然而，通过在实验室条件下一代又一代地繁殖果蝇，人们每隔一段时间就会得到一种独特的"另类"果蝇，它们生有不正常的翅膀和几乎黑色的身体（图102）。

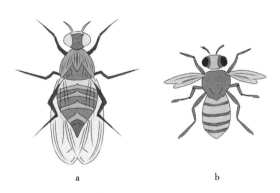

a 正常类型：灰身长翅
b 突变类型：黑身短翅（退化翅）

图102　果蝇的一种自发基因突变

　　重要的是，在黑身短翅这种例外和"正常"的果蝇祖先之间的各个变异阶段，可能找不到带有不同深浅的灰色和长短不一的翅膀的果蝇。这就像一个规则：新一代的所有成员（很可能有几百上千个）都是差不多一样的灰色和差不多长的翅膀，但偏偏有一个（或者几个）与它们完全不同。或者根本没有实质性变化，或者有相当大的变化（基因突变）。类似的情况已有数百例。例如，色盲并非必然来自遗传，一定会出现这样的情况，即某位婴儿生来色盲，尽管他的祖先在这方面毫无瑕疵。与果蝇的短翅情况相同，我们在有关男人色盲的问题上也有"不全则无"的原则，并不是人们对辨别两种颜色的能力有强有弱，而是要么能够辨别，要么根本不能。

　　每个听说过达尔文（Charles Robert Darwin）名字的人都知道，新一代性质的改变与生存竞争和适者生存结合，导致物种进化的持续过程，[1]正是这个原因，让几十亿年前的自然界之王，简单的软体动物，发展成像你这样具有高度智慧的生命，能够阅读与理解像这本非常复杂的书。

　　根据以上讨论的基因分子的同分异构变化的观点，我们可以完美地理解遗传性质的跳跃式变异。事实上，在一个基因分子内，如果决定性质的坠饰要改变自己的位置，它不可能处于中间状态，它或者留在老位置上，或者与新位置挂钩，因此产生了生命体性质的不连续变化。

　　根据这种观点，"基因突变"是因为基因分子的同分异构变化产生的。人们考察过基因突变率随动植物的培养环境的温度而变化的方式，它有力地支持了这种观点。事实上，季莫费耶夫（Timoféëv）和齐默尔

1　基因突变的发现与达尔文经典理论的唯一差别是：进化是跳跃式的不连续变化，而不是像达尔文想的那样，是一个一个连续的小的变化。

（Karl Günter Zimmer）[1]开展了温度对基因突变率的影响的实验。其结果表明，如果不计周围介质和其他因素造成的某些附加的复杂影响，基因突变率遵守任何普通分子反应遵守的同样的物理化学基本定律。这一重要发现让德尔布吕克（Max Delbrück）[2]（原为理论物理学家，后为实验遗传学家）发展了他的划时代观点：基因突变的生物学现象等价于分子中同分异构变化的纯物理化学过程。

我们可以无止境地继续讨论基因理论的物理基础，特别是由X射线和其他辐射造成的基因突变的研究提供的重要证据，但前面已经讨论过的东西似乎足以使读者意识到这一事实：当前的科学正在走进对"神秘的"生命现象进行纯粹物理学解释的大门。

在结束这一章之前，我们必须提及病毒这种生物学单元，它们似乎是周围没有细胞环绕的自由基因。各类细菌是在动植物的生命组织中生存与繁殖的单细胞微生物，有时能够造成各种疾病。一直到不算太久之前，生物学家们都还相信，生命最简单的形式是细菌。例如，显微镜研究揭示，伤寒就是由一种特定的细菌引起的，它们有结实的长身体，大约3微米[3]长，1/2微米粗细，而引起猩红热的细菌是球形细胞，直径大约2微米。然而，另外有些疾病，例如人类的流感或者烟草植株的花叶病，用普通的显微镜观察便无法发现任何正常尺寸的细菌。但是，因为我们知道这些特定的"无细菌"疾病是由患病个体的身体带到健康个体身上的，其方式与所有其他普通疾病相同，而且因为这样受到的"感染"会迅速地在受感个体的整个身体中扩散，人们只能假定，它们与某种假定生物携带者有关，并将其命名为病毒。

1　齐默尔（1911—1988），德国物理学家，放射生物学家。——译者注

2　德尔布吕克（1906—1981），德裔美国人，1969年诺贝尔生理学或医学奖得主之一。——译者注

3　1微米是1毫米的千分之一，即0.0001厘米。

但直到近些年，在人们发展了使用紫外光的超显微术，特别是发明了使用电子束而不是普通光线的电子显微镜之后，微生物学家们才第一次看到过去隐藏着的病毒的结构。

人们发现，各种病毒其实是大量不同粒子的集合，同类粒子的大小都一样，而且比普通的细菌小得多（图103）。流感病毒是直径为0.1微米的小球，而细长棍状的烟草花叶病毒长0.280微米、粗0.015微米。

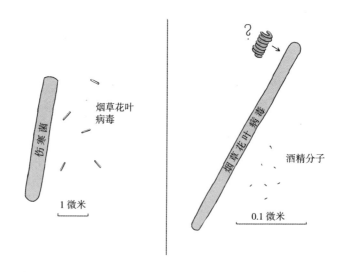

图103　细菌、病毒和分子之间的比较

全页插图Ⅵ显示了令人动容的烟草花叶病毒粒子的电子显微镜照片，它们是已知存在的最小生命单元。我们还记得，一个原子的直径大约为0.0003微米，因此可以得出结论，烟草花叶病毒粒子的阔度只有大约50个原子，长度则约为1000个原子。整个病毒中的原子数不会超过两三百万个![1]

　　这一图像立刻让人想到单个基因中的原子数的类似图像，于是我们觉得，可以将病毒粒子视为"自由基因"，它们不屑与我们称之为染色体的长链状群体结合，没有让自己周围聚集着相对笨重的细胞质物质。

　　而且，病毒粒子的繁殖过程也似乎确实与染色体在细胞内的倍增分裂过程完全相同：它们的整个身体沿轴向分裂，形成两个新的正常尺寸的病毒粒子。我们在这里显然观察到了基本的繁殖过程（如图91所示，那里表现的是虚构的酒精分子增殖过程），其中位于复杂的分子径向的各个原子团吸引周围介质中类似的原子团，以与原来的分子完全相同的方式排列后者。当这种排列完成之后，新的分子已经成熟，便从原有分子上脱离了。事实上，似乎在这种原始生物体的身上并不存在通常的"生长"过程，新的生命体是"一个部分一个部分地"沿着原有生命体搭建的。为了说明这种情况，我们或许可以想象一个人类的孩子，他与母亲的身体相连，但在母体外面成长，在自己成为成年男人或女人之后脱离母体走开。我忍住了强烈的冲动，没有画下这样一幅图来。不用说，为了让这样的繁衍过程成为可能，这种成长必须在一个有组织的特殊介质内进行；而事实上，与有自己的细胞质的细菌不同，病毒粒子只能在其他生命体的活体细胞质内繁殖，而且通常对"食物"非常挑剔。

　　病毒的另一个共同特征是它们会发生基因突变，而突变后的个体则遵照遗传学中我们熟知的一切法则，把新得到的特征传给它们的后代。

1　组成一个病毒粒子的原子数目实际上可能远远小于此数，因为病毒本身很可能是"中空"的，是由图101所示的那种分子链盘绕而成的。如果我们假定烟草花叶病毒的结构确实如此（103图解），即不同的原子团只位于圆柱体的表面，则每个粒子的总原子数将只有几十万个。当然，同样的论证也适用于单个基因的情况。

事实上，生物学家们已经能够分辨同种病毒的一些遗传菌株，并追踪监视它们的"种族发展"。当新的流感疫病横扫人类社区时，人们可以有把握地断定，它们是由某种新近突变了的流感病毒造成的，带有一些对抗人类生命体的恶劣性质，对此人类尚未形成自己的免疫能力。

在本章前几页，我们做了一些有力的论证，说明我们必须把病毒粒子视为生命个体。现在，我们也要以同样的激情宣告，必须把这些粒子视为正常的化学分子，它们遵守物理学和化学的一切定律和规则。事实上，对病毒物质的纯粹化学研究确认了如下事实：我们可以把一个确定的病毒视为某种具有明确定义的化合物，对它们的处理可以沿用对各种无生命的复杂有机化合物的处理方法，它们也可以参与各种置换反应。生物化学家们能够轻松自如地写下酒精、甘油和糖的结构式，其实，假以时日，他们也能够同样容易地写下每一种病毒的结构式。更令人震惊的是这样一个事实：某种特定的病毒粒子具有完全相同的大小，准确到其中每一个原子。

人们实际上已经证明，一旦被剥离了生活必需的食物介质，病毒会把自己排列为普通晶体的规则模式。例如，所谓的"番茄丛矮病"病毒可以凝结为美丽的菱形十二面体！你可以把这块晶体保存在矿物样品柜中，跟长石和岩盐晶体放在一起；但是，一旦把它放到番茄植株上，它又会变成一大群活着的生命个体。

用无机物质合成生命体，加州大学病毒研究所的海因茨·弗伦克尔-康拉特（Heinz Fraenkel-Conrat）[1]和罗布利·威廉斯（Robley Williams）[2]在这方面迈出了重要的第一步。在对烟草花叶病毒的研究

1　海因茨·弗伦克尔·康拉特（1910—1999），德国生物化学家。——译者注
2　罗布利·威廉斯（1908—1995），美国早期生物学家、病毒学家。——译者注

中，他们成功地把这些粒子分离为两部分，每一部分都是无生命却相当复杂的有机物分子。人们早已知道，这种具有长棒状（全页插图VI）的病毒是由一串长直的组织材料（叫作核糖核酸）组成的，长链蛋白质分子环绕着它，像电磁铁的铁芯外面缠着的电线。通过使用不同的化学试剂，弗伦克尔-康拉特和威廉斯成功地剥离了这些病毒粒子，将核糖核酸与蛋白质分子分离，同时也没有损坏它们。就这样，他们在一个试管中得到了核糖核酸的水溶液，而在另一个试管中得到了蛋白质分子的溶液。电子显微照片显示，两个试管中放着的只有这两种物质的分子，完全没有任何生命痕迹。

但是，当把这两管溶液放到一起时，核糖核酸分子开始结合为每串24个分子的集团，而蛋白质分子则开始缠绕着它们，形成与分解前完全一样的病毒复制品。当它们与烟草植株的叶子接触时，这些分解之后又重新结合的病毒粒子在植株上造成了烟草花叶病，就好像它们从来没有被分离过一样。当然，在这种情况下，试管中的这两种化合物是通过分解活体病毒得到的。然而，重要的是，生物学家们现在掌握了用普通的化学元素合成核糖核酸和蛋白质分子的方法。尽管时至今日（1960年），人们只合成了这两种比较短的分子，但我们没有理由怀疑，随着时间的推移，人们会用简单的元素合成与病毒一样长的分子，而把它们放到一起便会产生人造的病毒粒子。

第四部分

宏观宇宙

延伸的地平线

1.地球和它的邻居

现在，结束了在分子、原子和原子核统治的世界的漫游，我们回到了大小更为熟悉的物体周围，即将开始新的旅行，这次是向着相反的方向，也就是说，走向太阳、恒星、遥远的星际星云和宇宙的外边界。与在微观世界中的情况一样，科学的发展指引着我们，从日常生活中的熟悉领域向外越走越远，视野变得越来越宽广。

在人类文明的初级阶段，人们把我们现在称之为宇宙的这个事物想象得小得可笑。古人相信，大地是一大块平坦的圆盘，漂浮在围绕着它的世界大洋上。大地下面是深不见底的水，上面的天空是神祇的居所。

这块圆盘足够大，能够盛得下当时的地理学知道的一切地方，其中包括地中海沿岸地区、临近的欧洲各地、非洲和亚洲的一部分。大地圆盘的北部边缘是崇山峻岭，山后是太阳在夜里的藏身之所，这时它在世界大洋表面休息。图104相当准确地告诉我们，在古代人类眼里，世界是怎样的一幅图像。但一个生活在公元前3世纪的人不同意这个人们普遍接受的简单的世界图像。他就是著名的希腊哲学家（当时人们就是这样称呼科学家的）亚里士多德（Aristotle）。

图104　古人眼里的世界

在他题为《论天》（*About Heaven*）的著作中，亚里士多德阐述了一种理论，认为大地实际上是一个球，一部分是大地，一部分是水，周围是空气。他用了许多我们现在熟知且认为是平凡小事的事物作为论证来支持这个观点。他指出，当船在地平线后消失时，最先不见的是船体，这时桅杆似乎插在水上，这表明大洋的表面是弯曲的，不是平坦的。他还论证了月食的现象，认为月球必定是受到了走在卫星前面的地球的影子的遮挡，而这个影子是圆的，因此地球必定也是圆的。但当时很少有人相信他。如果他说的是真的，人们无法弄清在地球对面（即所谓的对跖点，对你来说就是澳大利亚）的人能够头朝下地走路而没有掉到地球外面，或者为什么在这些地方的水不会流到那些人说的蓝天上去（图105）。

图105　反对地球是球形的论证

看，那时候的人没有认识到，东西掉到地上是因为受到了地球的吸引。他们认为，"上"和"下"是空间的绝对方向，它们应该在什么地方都是一样的。如果你绕过一半地球，"上"可以变成"下"，"下"可以变成"上"，这种想法对他们来说如此疯狂，完全像今天的许多人认为爱因斯坦相对论中的许多想法极为疯狂一样。对于重物落地，我们今天的解释，是它受到了地球的吸引，但当时的人们认为，一切事物向下运动，这是"自然倾向"。因此，如果胆敢踏足地球朝下的一面，你就会向下走向蓝天！反对亚里士多德的势头如此强劲，人们向新观点的转变如此困难，结果一直到15世纪，差不多在亚里士多德死后的2000年，我们还能在当时出版的许多书中看到一些图画，上面画着在地球的另一面生活的人们头朝下站在地球"底下"的样子，用以嘲笑球形地球的想法。很可能，就连伟大的哥伦布（Cristoforo Colombo）[1]本人，在当年扬帆出海寻找前往印度的"另一条道路"时，也并不知道自己的计划是否有道理。结果他没有实现这个计划，因为美洲大陆挡住了他的去路。而在麦哲伦进行了著名的环球之旅之后，人们才终于不再怀疑地球是球形的。

当人们第一次意识到地球是个庞大的球体之后，他们自然会问，这个球体与当时人们知道的那部分世界相比有多大。但是，绕着地球走一圈，这当然是古希腊哲学家们无法做到的事情，既然如此，他们怎样才能测量地球的大小呢？

没错，确实有一种方法，这是当时一位名叫埃拉托色尼的著名科学家最先想到的，他在公元前3世纪居住在希腊的殖民地——埃及的亚历山大里亚。塞恩（Cyene）是尼罗河上游的一座城市，距离亚历山大里亚5000埃及斯泰亚姆[2]。埃拉托色尼听那里的居民说，在夏至那天，太阳在那个城市的中午时分正当顶，因此垂直物体不会有影子。另一方面，埃拉托色尼也知道，在亚历山大里亚从来没有发生过这样的事情，那一天太阳距离天顶（即正当顶的位置）有7°的偏角，即整个圆的1/50。埃拉托色尼假定地球是个球体，并对这一事实做了简单的解释，

1　哥伦布（约1451—1506），意大利航海家，1492—1502年间四次横渡大西洋。——译者注
2　斯泰亚姆，一种长度单位，1斯泰亚姆相当于607英尺。

对此只要看看图106便可一目了然。确实，因为两个城市之间的地球表
面是弯曲的，如果阳光垂直落在塞恩城，则在更偏北的亚历山大里亚就
一定会有一个偏角。你也可以从图中看出，如果在正午时分过地球中
心画两条直线，一条经过亚历山大里亚，另一条经过塞恩，它们在地
球中心会形成一个夹角，这个角将等于经过亚历山大里亚的那条直线
（即亚历山大里亚的天顶线）与照射到塞恩时的日光光线的夹角。

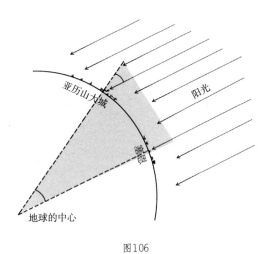

图106

因为这个夹角是整个圆的1/50，因此地球的整个周长应该是两个
城市之间距离的50倍，即25万斯泰亚姆。1斯泰亚姆约为1/10英里，所
以，埃拉托色尼算出的结果相当于25,000英里，即40,000千米，这个
结果与现代的最佳估算值非常接近。

然而，这是对地球的第一次测量，它的主要意义并非这个数字有多
么准确，而在于它让人知道了地球有多么大。嘿，它的整个表面肯定是
已知所有国家的面积之和的几百倍！这会是真的吗？如果是真的，在已
知的边界外有什么？

　　说到天文学上的距离，首先我们必须熟悉人们说的视差位移，简称视差。这个词听起来或许有点吓人，但实际上，视差是个非常简单同时也很有用的概念。

　　要弄懂视差，我们可以先尝试把一段线穿进一根针的针眼里。闭上一只眼睛试试看，你很快就会发现这行不通；或者把线头远远地放到了针眼后面，或者伸得太近，在它前面乱插。只用一只眼睛你没法判定针和线头的距离。但如果把两只眼睛都睁开，你很容易就可以把线穿好，或者至少很容易就学会了该怎么做。用两只眼睛看一个物体时，你自动把两只眼睛都聚焦在它身上。距离物体越近，你就越需要把两只眼睛凑近，而且这样的调整会让你的肌肉有一种感觉，好像知道离物体的距离是多少。

　　现在，如果不用两只眼睛同时看，而是交换着分别闭上一只眼睛，你就会注意到，物体（在这种情况下是针眼）与远处的背景（就以房间另一端的窗户为例）之间的关系有所变化。这个效果就叫作视差位移，人们当然都知道有这么回事；如果从来没有听说过，你只要自己试试，或者看看图107显示的状况，上面有右眼与左眼看到的情况的差别。物体越远，视差位移就越小，所以我们可以用它来测量距离。因为视差位移可以准确地用弧度测量，这种方法比依据眼球肌肉的紧张感觉估计的距离更加准确。但因为我们的两只眼睛之间相距大约3英寸，因此对估计超过几英尺的距离并不准确。当物体更为遥远时，两只眼睛的轴几乎平行，要想测量视差就非常不容易了。为了确定更远的距离，我们需要把两只眼睛放得更远，这才能增加视差位移的角度。不，不必做手术，用镜子就可以了。

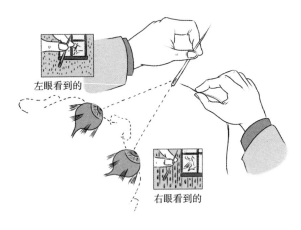

左眼看到的

右眼看到的

图107

　　我们可以在图108中看到，海军（雷达发明以前）在海战中使用这样一套装置来测量敌舰的距离。这是一个长筒，在每只眼睛前面放着一面镜子（A，A'），另外的两面镜子（B，B'）在长筒相对的两端。通过这样一个测距仪，你的一只眼睛实际上从B端观察，另一只眼睛从B'端观察。两只眼睛之间的距离就是所谓的光学基线，它现在实际上变得大多

图108

了，你可以测量更远的距离。当然，海军官兵不会单纯依赖他们眼睛的肌肉带来的感觉。测距仪上装配着测量视差位移的特殊装置和刻度，能够得到最大精度的测量数据。

然而，尽管这些海军测距仪能够完美地测量刚刚露出地平线的敌舰距离，但只要让它测量一个像月球这样相对近的天体，它马上就会一败涂地。事实上，为了注意到月球相对于遥远恒星背景的视差位移，两眼之间的距离这个光学基线必须至少相隔几百英里。当然，并不一定非要做出一个光学系统，才能让我们——譬如说——可以一只眼睛在华盛顿观察，另一只眼睛在纽约观察，因为只要同时在这两座城市对月球和它周围的恒星拍照就行了。如果把双重照片放进一台普通的立体镜中，你将看到月球悬挂在星际背景前的空间内。通过测量在地表上两个不同地点同时拍下的照片中的月球和它周围的恒星（图109），天文学家们发现，如果从地球的直径两端观察月球，在这种情况下的视差位移是$1°24'5''$。由此人们计算得出，地月距离等于地球直径的30.14倍，也就是384,403千米，即238,857英里。

根据这一距离和观察得到的角直径，可推算出我们的卫星月球的直径大约为地球直径的1/4。它的总表面积只有地球的1/16，和非洲大陆的面积相当。

我们也可以用类似的方法测量地球到太阳的距离，当然，因为太阳要远得多，因此测量的难度大了不少。天文学家们发现，日地距离是149,450,000千米（92,870,000英里），即地月距离的385倍。正是因为这一距离如此庞大，才让太阳看上去跟月球一样大；实际上太阳要大得多，它的直径是地球直径的109倍。

如果太阳是一个大南瓜，地球就是一颗豌豆，月球就是一粒罂粟种子，而在纽约的帝国大厦就成了我们通过显微镜能够看到的最小的细菌。在这里，值得我们记住的是，古希腊时期有一位名叫阿那克萨哥拉

图109

（Anaxagoras）的进步哲学家，他曾在演讲中说，太阳是一个大火球，很可能有整个希腊那么大。结果是他被放逐，并受到死亡的威胁！

用类似的方法，天文学家们也可以计算太阳系中各个行星之间的距离，其中最远的一颗是最近（1930年）发现的冥王星[1]，它离太阳的距离大约是日地距离的40倍；准确地说，这一距离是36.68亿英里。

---

1 冥王星已于2006年被天文学家重新定义为矮行星，不再属于行星行列。——译者注

2.恒星系

　　我们向空间的下一次跳跃将是从行星进入恒星，这里我们也可以使用视差。然而我们发现，即使最近的恒星距离我们也太远了，哪怕利用地球上相距最远的两个观测点（地球相对的两面），也无法显示出相对于普通星际背景下可观察的视差。但我们将会有一种方法来测量这样遥远的距离。如果我们可以用地球的尺度去测量地球围绕太阳的轨道，那么用这个轨道去测量恒星的距离又有何不可？换言之，如果我们从地球轨道遥遥相对的两端观察恒星，难道不能至少得到其中一些恒星与我们之间的距离吗？当然，这意味着我们在两次观察之间必须等待半年，但等一等又有何不可呢？

　　基于这种想法，从1838年起，德国天文学家贝塞尔（Bessel）开始比较相隔半年的不同夜晚观察到的恒星相对位置。第一次他没有成功，因为他选择的恒星显然太远了，即使以地球轨道的直径作为基线，也没有显示出任何明显的视差位移。但是，他后来选择了这颗恒星——天文学手册中的天鹅座61（天鹅座中第61颗暗星），它似乎略微偏离了自己半年前的位置（图110）。

　　过了半年，这颗恒星又回到了它原有的位置上，所以这确实是视差效应，而贝塞尔成了第一位手拿米尺进入星际空间，超越了我们过去的行星系界限的人。

　　人们观察到的天鹅座61的全年位移确实非常小，只有0.6角秒[1]，也就是说，如果你的视力好到能看到500英里外的一个人的程度，那这个张开的角度刚好能把他容纳进去！但天文学仪器非常精密，就连这么小

1　更准确地说，是0.600″ ±0.06″ 。

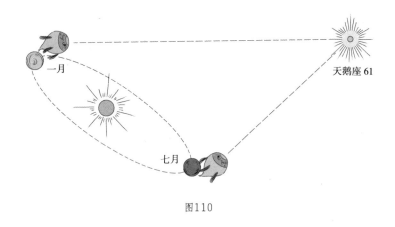

图110

的角度也可以高精度地确定。根据观察到的视差以及地球轨道的已知直径，贝塞尔计算得出，这颗恒星位于103万亿千米之外，是太阳和地球间距离的69万倍！很不容易弄清这个数字的意义。我们曾举例说，如果太阳是一个南瓜，地球是在200英尺外围绕它旋转的一颗豌豆，而这颗恒星将在3万英里之外！

在天文学中，人们习惯于用30万千米每秒的光速走过一段距离需要多少时间来表示这段距离。光只需要1/7秒便可以围绕地球运行一周，用比1秒多一点的时间从地球抵达月球，大约8分钟到达太阳。而天鹅座61是距离我们最近的宇宙邻居之一，它的光来到地球大约需要11年。如果因为某种宇宙灾难，来自天鹅座61的光熄灭了，或者它在突然爆发的闪光中爆炸了（恒星经常发生这种事情），尽管闪光在星际空间中以光速行驶，我们还是需要等待漫长的11年，爆炸的最后一缕闪光才能到达地球，为我们带来一颗恒星的生命之火已经熄灭的宇宙新闻。

根据测得的天鹅座61与我们之间的距离，贝塞尔计算了这颗恒星的大小。尽管在我们看来，它只是在夜空的黑色背景上眨着眼睛的一个微小发光点，但实际上它是一个庞大的发光体，只比我们辉煌的太阳小30%，亮度也只略逊一筹。哥白尼曾最先表达了革命性的观点，认为太阳只不过是散布在无穷宇宙中的无数星体之一，而这是这一观点的第一个直接证据。

自贝塞尔的发现以来，人们又测量了许多恒星的视差，他们发现了几颗比天鹅座61距离我们更近的恒星，其中最近的是半人马座阿尔法星，它是半人马座中最亮的星，即南门二，距离我们只有4.3光年。无论大小还是光度，它与我们的太阳都非常相似。绝大多数恒星都要远得多，它们如此遥远，就连地球轨道的直径都太小了，无法作为距离测量的基线。

而且人们也发现，这些恒星的大小和光度差别极大。大的有发光巨无霸、300光年外的猎户座参宿四，它的大小为太阳的400倍，光度是太阳的3600倍。小的也有13光年外的昏暗矮星范马南星，它的直径只有地球的75%，光度只有太阳的万分之一。

现在的重要问题是我们要数出所有存在于太空中恒星的数目。包括诸位在内的许多人都会赞同的一种信念是，谁也无法数清天上的星星。然而，像许多人相信的想法一样，这个想法也是错误的，至少对我们肉眼能够看到的星星来说，这种说法是错误的。事实上，南北两个半球加起来，我们肉眼能够看到的恒星有六七千颗，而且因为在任何时刻，这些恒星中只有一半在地平线之上，再加上在靠近地平线的地方，来自恒星的光线因为大气的吸收而受到极大的削弱，能见度大为降低，因此，在一个没有月亮的晴朗夜晚，肉眼通常只能见到大约2000颗星星。所以，如果你用每秒数1颗星的速度孜孜不倦地数，把全部星星数完只需要半个多小时！

然而，如果用一架双筒望远镜，你就能再多数出5万颗星来。用一台2.5英寸口径的望远镜能再看到约100万颗星，而用加利福尼亚州威尔逊山天文台著名的100英寸口径的望远镜，你应该能够看到大约5亿颗恒星。如果哪位天文学家以每秒1颗恒星的速度，每天从暮色降临数到曙光初照，他大约需要一个世纪的时间才能全部数完！

当然了，没有谁会一颗颗地数借助大型望远镜才能够看到的星星。首先人们在天空中不同的部分数出区域内能够看到的恒星，然后用平均数乘以所有区域的总数，从而得到可见恒星的总数。

一个多世纪之前，著名的英国天文学家赫歇尔（William Herschel）用他自制的大型望远镜观察星际天空，看到的情景让他大吃一惊：绝大多数肉眼看不到的普通恒星出现在一条模糊的光带之内，那就是银河，是那条切开了夜空的光带。而且，正是由于他的工作，天文学才认识到一个事实，即银河既不是普通的星云，也不是在空间伸展着的气体云带，而是由数量庞大的恒星组成的，它们的距离如此遥远，光度如此暗淡，以至于我们的眼睛无法一一分辨。

使用越来越强大的望远镜，我们已经能够看出，银河是由越来越多的不同恒星组成的，但它们的主体仍然留在朦胧的背景之中。但是，如果你认为，银河区域内的恒星分布密度大于天空中的其他区域，那你就完全想错了。实际上，我们觉得天空中某个区域的恒星可能比其他区域更多，其原因并不是那里的恒星分布密度更大，而是恒星在那个方向上分布得更深。在银河所在的方向，恒星一直伸展到我们通过望远镜的协助能够看到的地方，而在任何其他方向，恒星的分布都没有达到目力可及的极限，所以在这些恒星之外，我们看到的基本上是茫茫的虚空。

朝着银河的方向观察，就好像透过深沉的森林窥视，许许多多树枝重重叠叠，形成了一个连续的背景；而在其他方向，我们能看到恒星之间一小片一小片空荡荡的空间，就好像透过头顶上的树叶可以看见一块块蓝天一样。

所以，太阳是星际宇宙中微不足道的一员，这个星际宇宙占据了空间中的一个扁平区域，沿着银河平面的总体方向延伸，在垂直方向上比较薄。

由几代天文学家开展的一项更为详细的研究得出了一个结论：我们的恒星系包括400亿颗不同的恒星，[1] 分布在一个直径大约10万光年、厚约5000~10000光年的凸透镜形状的区域内。这项研究的结果是对人类的自豪感的一记耳光：太阳根本不是这个宏大恒星系的中心，而是靠近它的外边缘。

在图111中，我们试图让读者知道，银河这个硕大无朋的恒星蜂巢看上去是什么样子。顺便说一句，我们还没有说到，在更为科学化的语言中，银河的名字是Galaxy，即银河星系（当然是拉丁文！）。银河星系的大小在这里被缩小了1万亿亿倍，而代表不同恒星的点的数目也远远小于400亿个，其原因就是人们所说的印刷方面的局限。

组成这个恒星系统的庞大的星簇最富特征系数的性质之一是，它处于高速旋转的状态，这与我们的太阳系非常相似。正如金星、地球、木星和其他行星沿着接近圆形的轨道围绕着太阳旋转一样，组成银河系的几百亿颗恒星围绕着人们叫作银心的核心旋转。星系旋转的这个中心位于人马座（即射手座）的方向。其实，如果沿着长空中雾蒙蒙的银河看去，你会注意到，银河在接近这个星座时变得宽多了，这说明你正看着这个凸透镜一样的庞然大物中心较厚的部分（图111中天文学家所看的正是这个方向）。

银心看上去像什么呢？这一点我们不知道，因为很遗憾，我们的视线被悬挂在空中的黑色星际物质的重重星云遮住了。事实上，看着射手座区域银河变厚的地方，[2] 一开始你会想，这条神秘的天空之路在

1　最新的科学数据为2500亿±1500亿颗，即1000亿到4000亿颗。——译者注
2　晴朗的初夏之夜是观察它的最佳时刻。

图111 一位观看缩小了1万亿亿倍的银河星际系统的天文学家。他的头所在的位置大
     约在太阳所在的区域

这里分岔，形成了两条"单向行驶的车道"。但实际上这并不是一个分
岔，你之所以有这样的印象，只不过是因为黑色的星际尘埃和气体之
云刚好悬挂在我们和银心之间。所以，尽管银河的两端确实是黑色的
虚空背景，但核心处的黑色却是因为不透明的云层造成的。在黑色中心
地带有几颗恒星，但它们实际上位于黑云前方，在我们和云层之间（图
112）。

　　我们看不到太阳和几百亿颗恒星围绕着旋转的神秘的银心，这当然
很遗憾。但我们观察过远在银河范围之外的空间中散布的其他恒星系统
或者星系，因此在某种程度上知道它是什么样子。银心并不是某个超级
巨星，会让恒星系内所有其他成员俯首听命，就像太阳统治着我们的行
星一族那样。对其他星系的中心部分的研究（我们稍后会讨论这个问

图112 如果看向银心，乍一看，我们会觉得它像一条分为两条单行路的神奇的天空之路

题）表明，它们也是由大量恒星组成的，唯一的区别是，这里的恒星要比太阳所在的外围区域聚集得更为紧密。如果我们把行星系视为一个独裁国家，其中太阳统治着行星，银河系则更像某种民主国家，其中某些成员占据着更有影响力的中央位置，而其他成员只好退而求其次，满足于社会外围相对低下的位置。

如上所述，包括太阳在内的所有恒星都沿着庞大的圆形轨道围绕着银心旋转。我们怎样才能证明这一点呢？这些恒星的轨道半径有多大？运行一个周期需要多长时间？

所有这些问题都由荷兰天文学家奥尔特（Jan Oort）在几十年前做出了回答，他分析银河系的方法和当年哥白尼分析太阳系的方法非常相似。

首先让我们回想一下哥白尼的论证。古巴比伦人、古埃及人和其他古人已经观察到，土星、木星等这类大行星似乎以非常奇特的方式穿越天空。它们似乎像太阳那样沿着椭圆轨道旋转，接着突然停止并后退，再转身继续沿着原来的方向运行。在图113的下半部分，我们图解土星在两年内所走的这样一条路线（土星的运转周期是29.5年）。按照带有宗教偏见的说法，地球是宇宙的中心，人们相信，所有的行星和太阳都是围绕地球旋转的，因此，人们只好用行星轨道具有的奇特形状且其中带有一些回路的假定来解释上述奇特运动。

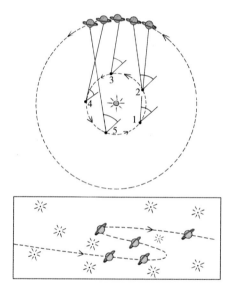

图113

但哥白尼找出了更好的解释。这位天才解释了神秘的回路现象，认为这是由于地球和其他行星以简单的圆形轨道围绕太阳旋转造成的。在研究了图113上半部的图解之后，这种解释很容易理解。

太阳位于中心，地球（小球体）沿着小圆运行，土星（带着一个环）沿着大圆以与地球同样的方向运行。数字1，2，3，4，5是地球在一年中运行的不同位置，以及土星对应的运行位置。我们当然还记得，土星的运行速度要比地球慢得多。从地球上引出的几条指向空中的平行线是某颗固定恒星的方向。我们可以用线段连接地球的位置与土星相应的位置，从中可以看出，这两个方向（指向土星的方向和指向固定恒星的方向）的夹角开始增大，然后减小，接着又增大。因此，这种轨道看上去像是回路，但其实丝毫不能说明土星的运动有任何奇特之处，而只是我们从运动中的地球的不同角度观察它的运动结果。

　　我们可以在检查了图114之后理解奥尔特关于恒星系旋转的论证。从图的下方可以看到银心的图像（暗云以及一切），而它周围是充斥着整个画面的大批恒星。三个圆是与中心有着不同距离的恒星轨道，其中中间的圆是太阳的轨道。

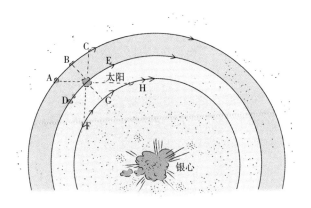

图114

　　让我们考虑八颗恒星（带有光线，用以与其他点区别），其中两颗与太阳在同一条轨道上运行，但一颗略微超前，另一颗略微滞后。其他的恒星在图中较大些和较小些的另外两条轨道上运行。我们必须记住，由于引力定律（见第5章），与太阳轨道上的恒星相比，外层恒星的运动速度较低，而内层恒星的运动速度较高（这一点在图中用不同长度的箭头表示）。

如果从太阳上（自然也就是从地球上）观察，这八颗恒星的运动看上去是什么样子呢？我们这里指的是它们相对于观察者视线方向的运动，这一点用所谓多普勒效应[1]观察很方便。首先，恒星D、恒星E与太阳沿着同一条轨道、以同样的速度运行，相对于太阳上或者地球上的观察者来说，它们看上去显然是静止的。而和太阳处于同一条半径上的恒星B和恒星G上也有同样的情况，因为它们的运动平行于太阳的运动，所以没有沿着视线方向的速度分量。

那么，在外圈的恒星A和恒星C又怎么样呢？因为它们的运动都比太阳慢，因此我们一定会像图中清楚显示的那样得出结论，认为A会落后，而太阳正在赶超C。太阳与A之间的距离会增大，而与C之间的距离会缩小，来自这两颗恒星的光一定会分别显示多普勒效应中的红移与紫移。而内圈的恒星F和H的情况刚好相反，我们必定会观察到来自F的光的紫移和来自H的光的红移。

我们假定，刚刚描述的这个现象只能因为恒星的圆周运动引起，而这种圆周运动的存在让我们不仅可以证明这一假定，而且能够计算恒星轨道的半径和恒星运动的速度。奥尔特搜集了在整个天空中观察到的恒星的明显运动的观察数据，证实确实存在着红移与紫移的多普勒效应，因此毫无疑义地证明了银河星系的旋转。

通过类似的方式，我们也可以证明：星系的旋转将影响垂直于视线的视速度。尽管这一速度分量更不容易准确测量（因为恒星如此遥远，即使非常大的线性速度也只能在天球上产生极为微小的角位移），但奥尔特和其他人还是观察到了这一效应。

现在我们已经能够准确地测量恒星运动的奥尔特效应了，这让测量

1　见320页有关多普勒效应的讨论。

恒星的轨道并确定它们的公转周期成为可能。通过这种计算方法，我们得知，太阳轨道距离中心的射手座30,000光年，也就是说，大约是整个银河系最外径的三分之二。太阳绕银心运转一周所需时间大约为2亿年。这当然是一段漫长的时间，但要记住，恒星系的寿命迄今已经有大约50亿年了。我们发现，在这段时间内，太阳已经率领着它的行星家族旋转了大约20圈了。如果按照地球年的命名方式，我们可以称太阳公转的周期为"太阳年"，所以可以说，我们的宇宙现在只有20岁。事情在恒星的世界中确实发生得很慢，而在宇宙的历史中测量时间，太阳年是一个很方便的单位！

3.走向未知的边界

　　如上所述，在无垠的宇宙中，银河系并不是孤零零地飘浮着的唯一的恒星社会。望远镜研究揭示，在遥远的太空，还有许多其他庞大的恒星群存在，它们与太阳所属的银河系非常类似。在它们中间，离我们最近的一个是著名的仙女座星云，肉眼就可以观察到。它看上去像一片拉得很长的昏暗的小小星云。请看全页插图Ⅶ的A和B：照片是威尔逊山天文台上的大型望远镜在这一星系中拍下的两个天体，其中一个是后发座星云的正面像，另一个是大熊座星云的俯视像。我们注意到，这些星云带有典型的螺旋结构，因此它们有着类似"螺旋星云"这样的名字。我们前面说过，银河系具有凸透镜式特征，而这种螺旋结构也是说明这种特征的一部分。许多迹象说明，银河系的恒星结构也有螺旋形象，但因为我们身在这个结构内部，很难确定其形状。事实上，太阳非常可能位于"银河大星云"的一条螺旋臂的末端。

在很长一段时间内，天文学家们都没有意识到，螺旋星云是与银河系类似的庞大恒星系，而误以为它们与猎户座那些星云类似，后者其实悬浮在我们的星系之内，是恒星之间的星际尘埃云。然而，人们后来发现，当用放大倍数最大的望远镜观察时，它们看上去是些微小的不同光点。因此，这些雾状的螺旋状物体根本不是雾，而是由不同的恒星构成的。但它们实在太远了，用视差测量没法确定它们的实际距离。

所以，这时好像已经达到了测量天体距离的手段的极限。但并非如此！在科学的历史上，每当我们面临貌似不可逾越的障碍时，人类前进步伐的延误通常只是暂时的；总会发生某种事情，让我们继续前进。这一次是由哈佛大学天文学家沙普利（Harlow Shapley）在脉动恒星即造父变星身上发现的全新的"测量标尺"。[1]

天上的恒星多极了。它们中的大多数在空中静悄悄地闪耀，但有几颗星的亮度却一直以固定的周期发生变化，从明到暗，又从暗到明。这些恒星的庞大躯体如同心脏一样脉动，伴随着脉动的是它们的亮度的周期性变化。[2] 恒星越大，它的脉动周期就越长，就像长钟摆摇摆一周的时间要比短钟摆长一样。真正小的恒星（按照恒星的标准）的周期只有几个小时，而真正大的恒星要好多年才能完成一个周期。因为更大的恒星更亮，所以恒星脉动的周期和它的平均亮度之间有着明显的关系。这个关系可以通过观察造父变星确立，它们与我们的距离足够近，因此我们可以直接测量它们的距离和实际亮度。

如果现在你在视差测量的极限之外发现了一颗脉动星，这时你只需要用望远镜观察它，并观察它的脉动周期。知道了这个周期，你就知道

1　之所以这样称呼，是因为脉动现象是人们第一次在"造父一"（仙王座 β）（β–Cephei）上发现的，因此得名。

2　我们切不可将这种脉动星与所谓食变星相混淆，后者实际上是两个相互环绕着旋转并周期性地相互遮蔽的恒星系统。

了它的实际亮度，通过比较实际亮度与视亮度，你立刻就可以知道它有多远。在测量遥远的距离，特别是银河系内部的遥远距离时，沙普利成功地运用了这个天才的方法，他在估算恒星系的总体尺度时尤其有用。

使用这种方法，沙普利测量了位于庞大的仙女座星云中的几颗脉动星的距离，结果让他大吃一惊。从地球到这几颗脉动星的距离自然就是到仙女座本身的距离，结果居然达到了170万光年，远远超过了银河星系的估计直径。而且测量表明，仙女座星云的大小只比整个银河星系小一点。而在我们的全页插图Ⅶ中出现的两朵螺旋星云比仙女座更远，它们的直径与仙女座相差不大。

人们早先假定，螺旋星云只不过是银河星系之内的"小不点"，上述发现宣布了这种假定的死刑，并确认了它具有和银河星系非常相似的独立星系的地位。如果有一位观察者置身于一颗围绕仙女座星云旋转的几十亿颗恒星之一的小行星上，他所见到的银河星系将与我们眼中的仙女座星云毫无二致。对此，现在已经没有任何天文学家有所怀疑了。

在很大程度上，有关这些遥远的恒星社会的进一步研究归功于哈勃（Edwin Powell Hubble），他是威尔逊山天文台著名的星系观测者。这些研究揭示了许多非常有趣而又重要的事实。首先，通过精良的望远镜，人们发现，这些星系的数目超过了我们肉眼能够看到的普通恒星的数目，但它们并不一定都是螺旋状的，而是有大量不同的类型：其中有球形星系，看上去像一个规则的圆盘，有模糊的边界；有椭球状星系，其拉长程度各不相同。螺旋星系本身也因为"缠绕的紧密程度"而各不相同。另外还有被称为"棒旋星系"的异形星系。

我们可以把观察到的所有星系的形状归纳为一个有序的系列（图115），这是一个意义极为重大的事实，它很可能对应于这些庞大的恒星社会的不同演化阶段。

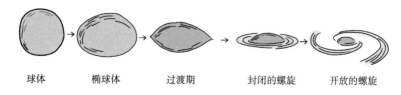

球体   椭球体   过渡期   封闭的螺旋   开放的螺旋

图 115　正常星系演化的各个阶段

尽管我们还远没有理解星系演化的细节，但似乎非常有可能的是，这种演化是因为逐步收缩的过程产生的。广为人知的是，当一个慢慢旋转着的球形气体天体经历了逐步收缩之后，它变成了一个被拉长了的椭球体。收缩到了某种程度，当极半径与赤道半径的比率等于7/10时，旋转中的天体必定会采取中间凸起的凸透镜形状，并在赤道上形成狭窄的边缘。进一步收缩不会破坏这种凸透镜的形状，但构成旋转天体的气体开始沿着整个狭窄的赤道边缘逃逸，进入周围的空间，在赤道平面上形成一道薄薄的气体纱巾。

上述所有说法全都已经由著名的英格兰物理学家、天文学家詹姆斯·琼斯（James Jeans）用数学方法证明，这些说法适用于旋转气体球，但它们也可以不加改变地用于我们称之为星系的巨型星云。事实上，我们可以将这种数十亿恒星的星簇视为一团气体，其中分子的角色由不同的恒星取代。

比较琼斯的理论计算和哈勃对星系的经验分类，我们发现，这些庞大的恒星社会严格地遵循理论描述的演化道路。尤其是，我们发现，最扁的椭球星云形状对应于半径比率7/10（E7），这是我们第一次注意到狭窄的赤道边缘出现的情况。在演化的后续阶段出现的螺旋形态显然是高速旋转喷射出来的物质形成的，尽管迄今为止我们还不知道这些螺旋形态为什么会形成或者是怎样形成的，同时也不清楚简单棒旋与简单螺旋之间出现差别的原因是什么。

人们还需要对恒星系社会的不同部分的结构、运动和恒星的组成进行进一步研究。例如，一个非常有趣的结果是：威尔逊山天文台的天文学家巴德（Walter Baade）在几年前证明，尽管螺旋星云的核心部分（星系核）是由同样的球形和椭球形星系的恒星组成的，但螺旋臂本身却显示了相当不同的恒星类型。这些螺旋臂类恒星与中心区的恒星不同，其中出现了非常热、非常明亮的恒星，即所谓的"蓝巨星"，它们在中心区或者球形和椭球形星系中都没有出现过。我们将在本书第11章中见到，这些蓝巨星极有可能是最新形成的恒星，因此我们有理由认为，螺旋臂是孵化新恒星成员的培养基。我们可以想象，在从一个收缩中的椭球星系向外凸起的赤道喷射的物质中，很大一部分进入了冰冷的星际空间，凝结成许多大型物质体，它们在随后的收缩过程中变得非常热、非常亮。

我们将在第11章再次讨论恒星的诞生与生命问题，但现在必须总体考虑各个星系在无涯宇宙中的分布。

首先我们必须在此声明，在应用于与银河系相邻的许多星系时，以脉冲星为基础的距离测量方法给出了许多极好的结果，但继续向空间深处挺进时它们却无能为力了，因为我们很快就到达了无法分辨不同恒星的距离，即使通过最强大的望远镜，那里的星系看上去也只不过是拉长了的微小星云。在此之后，我们只能依赖于可以看见的尺寸，因为人们已经相当有把握地确定，与恒星不同，同一类型的所有星系的大小基本相等。如果知道所有人的身高都相同，既没有巨人也没有侏儒，那么看到某人的视在高度时，你就能知道他离你有多远。

哈勃博士用这种方法估计了极为遥远区域的星系，他由此证明，在最强大的望远镜的协助下，目力所及的星系的分散程度或多或少是均匀的。之所以说"或多或少"，是因为在许多情况下，成千上万的大批星系会聚集成巨型团体，就好像恒星聚集在星系中的情况一样。

银河星系显然是一个相对小的星系集团的成员，这个集团中包括三个螺旋星系（包括银河系和仙女座星云），六个椭球星系，四个不规则星系（其中两个是麦哲伦星云）。

然而，尽管有这样偶尔的簇集现象，但通过帕洛马山天文台的200英寸口径的望远镜，我们看到了10亿光年的空间分布星系，在这个区域当中，它们分布得相当均匀。两个相邻星系之间的平均距离约为500万光年，而宇宙的可见视野之内包含着大约几十亿个不同的恒星世界！

我们原来把帝国大厦比作一个细菌，把地球比作一颗豌豆，把太阳比作一个南瓜，现在或许可以把星系比作几百亿个四散分布在木星轨道上的南瓜，各个南瓜集群分散在半径略小于相邻恒星之间距离的球体内。是的，很难找到描述宇宙距离的恰当比例，所以，即使我们把地球比作一颗豌豆，宇宙的尺度仍然是天文数字！我们试图用图116让你知道，天文学家们是怎样在探索宇宙距离的道路上一步一步地向前走的。他们从地球遥望月球，再到太阳，直至恒星，继续走向遥远的星系，现在仍然在向未知的极限挺进。

我们现在做好了回答有关宇宙大小这一基本问题的准备。我们是否能够将宇宙视为一个向无限空间伸展的事物，并得出结论，认为更大、更好的望远镜总是能为天文学家探索的目光揭示新的、永无穷尽的未知领域？或者与此相反，我们必须相信，宇宙占据的空间极大，但依旧只有有限的体积，而且，至少在原则上，我们是能够发现它的一切恒星的呢。

说到宇宙具有"有限的大小"，我们当然并不是认为在不知多少亿光年之外，空间的探索者将会面对一堵空荡荡的墙，上面贴着一张"此路不通"的告示。

事实上，我们已经在第3章中看到，空间可以是有限的，但并不一定会受到某个边界的限制。它可以简单地弯曲并且"自我封闭"。于是，一位假想的空间探索者驾驶宇宙飞船，想要尽量沿着最短的直线前进，但他的飞行轨迹将在空间内画出一条测地线，然后回到自己的出发点。

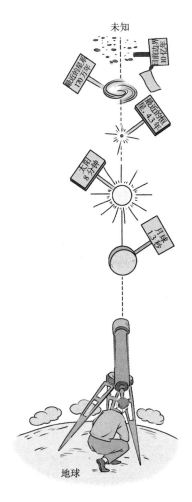

图116　宇宙探索的里程碑，其中距离用光速抵达那里所需的时间表示

当然，这里的情况与从他的家乡雅典西行的古希腊探索者非常类似：在一段长途旅行之后，他发现自己走进了雅典的东大门。

我们现在不必通过环球旅行来确认地球表面的曲率，而只要研究它相对小的一部分的几何即可；而对于宇宙的三维空间的曲率问题，我们也可以采取类似的测量回答，采取现有的望远镜能够达到的范围内的数据。我们已经在第5章中看到，必须分辨两种不同的曲率：正曲率对应具有确定体积的封闭空间，负曲率对应于开放的无限空间的马鞍形空间（参看图42）。这两种空间的不同在于，在观察者周围给定的距离内，封闭空间内物体的增长比距离的立方慢，而在开放空间内情况相反。

在宇宙中，"均匀分布的物体"就是不同的星系，因此，为了解决宇宙曲率的问题，只需要数出在距离我们不同范围内各自有多少个不同的星系就可以了。

这样的计数实际上已经由哈勃博士完成了。他发现，随着距离的增大，星系数目的增加似乎要比距离的立方增加得多少慢一些，这说明宇宙具有正曲率，因此空间是有限的。但我们必须注意到，哈勃观察到的效应非常小，要在接近100英寸的威尔逊山望远镜达到观察极限时才能看出来，而人们用位于帕洛马山的200英寸口径的新反射望远镜进行了观察，其结果对解决这一问题还没有新的启发。

让宇宙是否有限这个问题的最终答案不确定的另一个原因，是我们只能以遥远星系的视亮度（平方反比律）确定它们的距离。这种方法假定所有的星系具有相同的平均亮度，但如果不同星系的亮度随时间变化，即亮度与年龄有关，那么这一假定会带来错误的结果。我们必须记住，事实上，通过帕洛马山望远镜能够看到的最遥远的星系在10亿光年以外，因此我们看到的是它在10亿年前的状态。如果星系随着年龄的增长而逐渐变暗（或许因为一些恒星熄灭而让活跃星体的数量逐步减少），那么必须对哈勃得到的结论加以修正。事实上，只要星系的亮度在10亿年间（只不过是整个寿命的大约七分之一）略有变动，就会逆转当前有关宇宙有限的这一结论。

　　因此，为了能够确凿地知道宇宙是有限的还是无限的，人们还有许多工作要做。

创世的岁月

1.行星的诞生

对我们这些在世界七大洲[1]上生活的人类来说，"实地"这个词实际上就是稳定和持久的同义词。地球表面上一切熟悉的特点，它的大陆和大洋，它的山脉和河流，这些似乎全都是从时间开始的那一刻就存在着。的确，历史地质学的数据说明，地球的表面是逐步变化的，大陆上的大片土地或许会被大洋的海水淹没，但被淹没的地方也会升到表

1　由于海军上将伯德（Admiral Byrd，1888—1957）对南极的探险，我们把南极洲也计算在内。

面来。

我们也知道，远古的山脉会逐步遭到雨水的侵袭，山岭会因为板块的活动而不时升起，但所有这些变化都只是地球固体地壳的变化。

然而，我们不难看出，曾经有一段时间，地球上完全没有这一层坚硬的地壳，当时的地球只不过是一个闪光的熔岩球体。事实上，对地球内部的研究表明，地球球体的大部分仍然处于熔融状态，而我们如此随意谈论的"实地"，也只不过是漂浮在熔融岩浆上的一层薄壳。得到这一结论的最简单方法，是回想对地球表层以下不同深度的温度测量：深度每下降1千米，温度将升高30℃（即每下降1000英尺，气温上升16℉）。例如，世界上最深的矿井（位于南非的罗宾逊深矿区的一个金矿）的井壁温度如此之高，人们必须在上面安装空调，以免矿工被活活烤死。

按照这样的比率上升，地球必定会在区区50千米之下达到岩石的熔点（在1200℃到1800℃之间），也就是说，这时还没有深入地球半径的1%。在此之下，地球所有物质的97%都必定处于完全的熔融状态。[1]

显然，这样的状态不会永远存在，地球仍然处于逐步冷却过程中的某个阶段，这个过程从地球还是一个完全熔融的火球时便已经开始了，它终将在遥远的将来的某个时刻终止，那时整个地球便会从里到外完全固体化。对冷却速率和固体地壳生长情况的粗略研究显示，这个冷却过程必定开始于几十亿年前。

如果估计构成地壳的岩石的年龄，我们也可以得到同样的数字。尽管岩石乍一看并没有显示出不同的特征，因此才有"安如磐石"这类成语，但其实许多岩石中含有某种自然时钟，地质学家富有经验的眼睛能

1　按照科学界最新的估计，地球的外壳处于熔融状态，但内核可能是固态。——译者注

够看出它从过去的熔融状态固化的时间长短。

这个揭示年龄的地质学时钟其实是微量的铀和钍，人们经常可以在来自地表和不同深度的地下岩石中找到它们的踪迹。我们已经在第7章中看到，这些元素的原子会经历缓慢的放射性自发衰变，最后形成稳定的元素铅。

为了确定含有这些元素的岩石的年龄，我们只需要测量亿万年来由于放射性衰变积累的铅的含量即可。

事实上，只要岩石物质处于熔融状态，放射性衰变的产物就会因为熔融物质的扩散和对流而离开它们原来产生的位置。但只要物质凝结成固体，放射性元素衰变产生的铅就一定会开始积累，而它的数量会让我们清楚地知道这一过程持续了多久。这与如下间谍手法有异曲同工之妙：通过数出两座太平洋岛屿上棕榈树丛中空啤酒易拉罐的相对数量，敌方间谍可以知道每座岛屿上的海军陆战守备队驻扎了多久。

最近的调查使用了经过改进的技术，准确测量了岩石中的铅同位素和其他不稳定的化学同位素如铷87和钾40的积蓄量，人们以此估计，已知的最古老岩石的最大年龄为大约45亿年。因此，我们的结论是：地球的固体地壳必定是在大约50亿年前由熔融物质形成的。

所以，我们可以把50亿年前的地球设想为一个完全熔融的球体，周围环绕着厚实的大气，其中有空气、水蒸气，或许还有其他极易挥发的物质。

这样热的一团宇宙物质是怎样形成的？什么样的力是其形成的原因？谁为它的建设提供了材料？这些问题与星球的起源以及太阳系中所有行星的起源有关，是科学的宇宙演化论（有关宇宙起源的理论）的基本问题，也是许多世纪以来让天文学家们绞尽脑汁的不解之谜。

通过科学手段回答这些问题的第一次尝试，是由杰出的法国博物学者布丰在1749年做出的，并写在他的44卷本《自然史》（*Natural*

History）著作中的其中一卷里。布丰认为，行星系是太阳与一颗来自星际空间深处的彗星碰撞而产生的。他用想象力绘制了一幅栩栩如生的画面：一颗拖着长长的明亮彗尾的"宿命彗星"扫过了当时还是光杆司令的太阳表面，从它庞大的身躯上撕下了小小的"几坨"，强大的冲击力把它们送入空间并开始自转（图117a）。

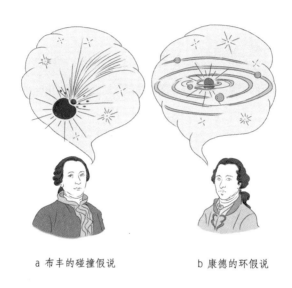

a　布丰的碰撞假说　　　　b　康德的环假说

图117　两个宇宙学学派

几十年后，著名的德国哲学家康德构思了一个完全不同的行星系统发源图像。他更倾向于认为，太阳完全凭一己之力造就了行星系统，没有其他天体的干预。康德将太阳的初期状态形象化为一团庞大的气体物质，它相对清冷，占据了今天的整个行星系统的空间，并绕着自己的轴缓慢地旋转。这个球通过向周围的虚空辐射热量而持续冷却，这一过程必然让它逐步收缩，因此旋转速度加快。这种旋转必定会让离心作用增加，致使原始太阳的气态身躯越来越扁平，结果沿着延伸得越来越远的赤道抛出了一系列气体环（图117b）。普拉托（Plateau）曾经做过一个经典实验，表明旋转物质体可以形成这样的环。他在实验中用的是一大团球状油（不是像太阳那样的气态物质），让它悬浮在具有同样密度的另一种液体中，并通过辅助机械装置让它高速旋转。结果，当旋转速度超过某个限度之后，它的周围便形成了环。通过这种方法形成的环应该会在后来断裂，凝结成不同的行星，以不同的距离围绕太阳旋转。

后来，著名的法国数学家拉普拉斯采纳并发展了康德的观点，把它们发表在1796年出版的名为《宇宙系统论》（*Exposition du système du monde*）一书中，将之公之于众。拉普拉斯是一位大数学家，但他并没有尝试用数学手段处理这些想法，而只是对这一理论做了半通俗的定性讨论。

60年后，英国物理学家麦克斯韦（James Clerk Maxwell）第一次尝试对这种观点进行数学处理。结果，康德与拉普拉斯的宇宙学观点撞了南墙，遭遇了无法解决的矛盾。数学计算表明，如果现在集中在太阳系的几颗行星中的物质均匀分布在行星占据的整个空间内，这些物质将过于稀薄，引力绝对无法把它们聚集为不同的行星。于是，被收缩的太阳甩出来的环将永远保持环状，就和土星的环一样，后者是由无数以圆形轨道围绕这颗行星旋转的微小颗粒组成的，没有表现出"凝聚"成一颗固体卫星的任何倾向。

克服这一困难的唯一方法是，假定原始太阳的外壳层含有的物质要比现在的行星物质多得多（至少是100倍），而这些物质又大多数掉回太阳，只留下大约1%，形成各个行星。

但是，这样一个假设的矛盾一点也不小。实际上，所有这些物质原来肯定都和行星有同样的旋转速度，如果它们真的掉到了太阳上，这将不可避免地让太阳的角速度变成现在的5000倍。如果情况真的如此，太阳就不会像现在这样大约每四周自转一圈，而是每小时自转七圈了。

这些考虑似乎宣判了康德-拉普拉斯观点的死刑。于是，天文学家们将希望的目光转向了别处。通过美国科学家张伯伦（Chamberlin）和莫尔顿（Moulton），以及著名英格兰科学家詹姆斯·琼斯爵士的工作，布丰的碰撞理论死而复生。当然，人们运用了在许多布丰的原始观点建立后得到的关键科学知识，对其进行了现代化改造。例如，大家认为和太阳相撞的不是彗星，因为人们已经知道，彗星的质量即使跟月球相比也是微不足道的。这时人们认为，入侵的天体其实是另外一颗大小和质量都跟太阳差不多的恒星。

但是，尽管人们认为复活的碰撞理论是摆脱康德-拉普拉斯假说的唯一途径，但这一理论本身也如履薄冰。太阳与另一颗恒星的激烈碰撞形成了碎片，但人们无法理解的是，为什么它们会沿着所有行星遵循的近似于圆形的轨道运行，而不是描画出一个拉长了的椭圆轨道呢？

为了拯救危局，人们必须假定太阳与路过的恒星碰撞形成行星时，太阳被一层均匀的旋转气体壳层环绕，它能帮助原来被拉长的行星轨道变为规则的圆形。因为人们现在不知道行星所在的区域内有这样的介质，所以他们假定这种介质后来逐步消散在星际空间之内，而如今从太阳发出、在黄道面上扩散的所谓的黄道光，便是这种昔日光辉介质留下的残影。这一图像是康德-拉普拉斯太阳壳层假说和布丰的碰撞假说混合形成的，但还是很难令人满意。俗话说"两害相权取其轻"，人们决定接受行星系起源的碰撞假说，而且直到不久前，一切科学论文、教科书和科普作品都采用了这一解释，包括我的两本书，1940年的《太阳的诞生与死亡》和1941年初版、1959年修订的《地球传记》。

到了1943年秋季，年轻的德国物理学家魏茨泽克（Weizsäcker）才解开了行星理论的戈尔迪之结[1]。魏茨泽克使用了天体物理学最新的研究成果，证明过去反对康德–拉普拉斯假说的一切证据都可以轻而易举地推翻，而且按照这种方法，人们可以建立详细的行星起源理论，解释许多过去的理论从未接触过的行星系重要特征。

魏茨泽克工作的主要论点建立在一个事实基础上：近二十年来，天体物理学家们已经彻底改变了他们有关宇宙物质的化学组成的观点。人们过去普遍认为，组成太阳和所有其他恒星的化学元素百分比都与我们已知的地球元素百分比类似。地球化学分析告诉我们，地球主要是由氧（以各种氧化物的形式存在）、硅、铁和少量其他较重的元素组成。较轻的气体如氢气和氦气（以及其他所谓的稀有气体如氖气、氩气等）在地球上的含量都很少。[2]

在没有任何更可靠的证据的情况下，天文学家们假定这些气体在太阳和其他恒星中也很稀少。然而，在对恒星的结构进行了更详细的理论研究之后，丹麦天体物理学家斯特伦格伦（Bengt Georg Daniel Strömgren）得出结论，认为这种假定很不正确。事实上，太阳一定至少有35%的纯氢。这一估计后来被提高到了大约50%，而且人们也发现，组成太阳的其他成分中也有相当大一部分纯氦。无论是对太阳内部情况的理论研究（这在最近史瓦西[3]的重要工作中达到了巅峰），还是是对其表面更为精细的光谱分析，物理学家们都得出了一个令人震惊的结论：组成地球成分的普通化学元素只占太阳质量的大约1%，其他质量几乎全由氢与氦均分，并且前者略占优势。这种分析显然也适用于其他恒星。

---

1 戈尔迪之结，为希腊神话中弗里吉亚国王戈尔迪所结，后为亚历山大大帝用利剑斩开，常用于隐喻以非常规方法解决不可解的问题。——译者注
2 在我们的行星上，氢主要是以与氧结合形成的水的形式存在。但人人都知道，尽管水覆盖了地球表面的四分之三，但与整个地球的总质量相比，它的总质量是相当小的。
3 史瓦西（Karl Schwarzschild, 1873—1916），德国天文学家。——译者注

　　而且，我们现在知道，星际空间并非完全虚无，而是存在着气体和细小尘埃的混合物，其平均密度大约为每100万立方英里空间有1毫克物质，而且显然，这一极为稀薄的分散物质与太阳和其他恒星具有同样的化学成分。

　　尽管这一星际物质的密度低得令人咋舌，但其存在很容易得到证明，因为它会产生明显的吸收光谱，这些从遥远恒星发出的光要走几十万光年才能进入我们的望远镜。我们能够清楚地看到这些"星际吸收线"在光谱上的强度和位置，因此能够很好地估计这种高分散物质的密度，并从中证明，它们几乎完全是由氢可能还有氦组成。事实上，那些由各种"陆生"物质组成的微小颗粒（直径大约0.001毫米）的质量不会超过总质量的1%。

　　回到魏茨泽克理论的基本想法，我们可以说，这项有关宇宙物质的化学组成的新知识刚好是康德-拉普拉斯假说所需要的关键点。事实上，如果太阳的原始气体壳层是由这种物质组成的，那么只有其中一小部分较重的陆生元素可以用于构建我们的地球和其他行星。其他的是无法冷凝的氢气和氦气，它们一定会通过某种途径被排除，或者落进了太阳之内，或者分散进入了周围的星际空间。如前所述，第一种可能性会让太阳的自转大为加速，因此我们必须接受另一个选项，即在"陆生"物质组成行星后不久，气态的"多余物质"便分散进入了星际空间。

　　于是我们得到了行星系构成的如下图像：星际物质刚刚凝聚成太阳时（见下一节），其中很大一部分物质（很可能大约相当于现在所有行星总质量的100倍）还停留在外面，形成了一个庞大的旋转壳层。发生这种行为的原因很容易找到，冷凝成原始太阳的各个不同部分星际气体的旋转状态不同。在我们的想象中，这个高速旋转的壳层应该是由非凝结性气体（氢气、氦气和少量其他气体）和各种"陆生"物质（如铁的氧化物、硅的化合物、水滴和冰结晶）的尘埃微粒组成的，这些尘埃微粒漂浮在其体内，具有转动动能。尘埃微粒相互碰撞，逐步变成越来越大的物体，正是这种现象，形成了我们现在称之为大陆的大块"陆生"物质。我们在图118中图解说明了这种相互碰撞产生的结果，它们必定是在运动速度大约相当于流星速度的时候发生的。

根据逻辑推理，人们必定会得出如下结论：在这样的速度下，两个质量大致相当的粒子会在碰撞中粉身碎骨（图118a），这个过程不会产生更大块的物质，而是会让成块的物质毁灭。但另一方面，如果一个小粒子与一个比它大得多的物体相撞（图118b），前者似乎显然会被埋葬在后者体内，因此形成一个大一些的新物体。

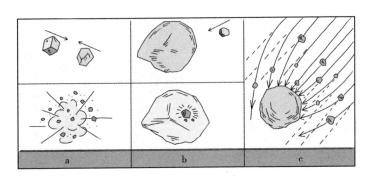

图118

很显然，这两种过程将让较小的粒子消失，形成大块物质。在较晚的阶段，更大的物体可以"招兵买马"，凭借自己的万有引力吸引路过的粒子，把它们拉进自己越来越大的身体之内，从而加速了这个过程。图118c图解说明了这种情况，我们可以在其中看到，大块物体有效捕捉小粒子的能力增强了。

魏茨泽克能够证明，在大约一亿年内，在现在由行星系占据的一个较大的区域内，原来散布在整个区域内的细小粒子一定全都凝聚成了几个庞大的物体，也就是行星。

　　只要行星在围绕太阳运行的路上不断通过添加各种大小的宇宙物质成长，新加入的建筑材料对它们表面持续轰击必定让行星一直非常热。然而，一旦星空尘埃、卵石和大块岩石消耗殆尽，行星的尺寸也就不再继续增大了，它们向星际空间的辐射必定很快就让新近形成的天体外表面冷却，形成了坚固的硬壳。这层硬壳至今还在继续变厚，因为内部的冷却仍在持续。

　　任何行星起源理论都必须解决的另一个重要难点是解释各个行星与太阳之间距离所显示的独特规则。我们在下面的表格中罗列了太阳系八大行星的这些距离，另外还有小行星带距离太阳的距离，这些小行星看上去是一个特例，那些碎片没有成功地聚集在一起形成单一的大行星。

行星的名字	与太阳之间的距离 （以日地距离为单位）	每个行星与太阳之间的距离 除以前一个行星与太阳 之间的距离所得的比值
水星	0.387	
金星	0.723	1.86
地球	1.000	1.38
火星	1.524	1.52
小行星带	大约2.7	1.77
木星	5.203	1.92
土星	9.539	1.83
天王星	19.191	2.001
海王星	30.07	1.56

　　最后一列数字特别有趣。尽管存在偏差，但很显然，这些数字全都

与2相差不远，于是我们便可以建立这样一条近似规则：每条行星轨道的半径大约是近日端的紧邻行星轨道的2倍。

卫星的名字	与土星之间的距离 （以土星的半径为单位）	连续两个距离之间的比值
土卫一	3.11	
土卫二	3.99	1.28
土卫三	4.94	1.24
土卫四	6.33	1.28
土卫五	8.84	1.39
土卫六	20.48	2.31
土卫七	24.82	1.21
土卫八	59.68	2.40
土卫九	216.8	3.63

很有意思的是，我们也可以发现，不同行星的卫星也遵循一条类似的规则。事实上我们可以以土星的卫星为例，在上面的表格中总结出土星的九个卫星距离土星相对距离的规律。

与行星本身的情况一样，这里的数据也有相当大的偏差（特别是土卫九！），但同样，我们几乎不会怀疑，距离增长的趋势有着同一种确定规则。

太阳周围的原始尘埃云发生了聚集，但它一开始并没有试图形成一颗孤零零的大行星。我们应该如何解释这一事实呢？为什么几个大块物体会在距离太阳的这些特定距离上形成呢？

为了回答这些问题，我们必须对原始尘埃云中发生的运动多少做些调查。我们首先必须记住，每一个物体，无论是尘埃粒子、小流星，还是大行星，只要是按照牛顿万有引力定律围绕太阳旋转的物体，就一定会在一条以太阳为焦点的椭圆轨道上运行。如果形成行星的物质过去是分开的，比如说是直径为0.0001厘米的粒子，[1] 那么在沿着不同大小与拉长的所有椭圆轨道上运动的粒子必定有大约10^{45}个。很明显，在如此拥挤的情况下，各个粒子间必定会发生大量碰撞，而因为这些碰撞，整个系统的运动必定会变得更有组织。事实上，我们不难理解，这样的碰撞会碾碎"交通破坏者"，或者把它们强行"遣送"到不那么拥挤的"交通线"上去。这样"有组织的"或者至少是部分有组织的"交通"会遵循什么样的规则呢？

为了考虑这个问题，我们首先选择一组粒子，它们全都以同样的旋转周期围绕太阳运行。它们中有些沿着对应半径的圆形轨道运行，而其他的则按照拉长程度不同的椭圆轨道运行（图119a）。让我们现在尝试用一个坐标系（X，Y）来描述这些不同粒子的运动，这个坐标系围绕太阳的中心转动，而且与这些粒子有同样的周期。

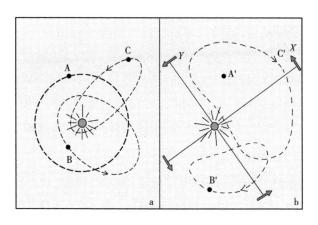

图119　从静止坐标系（a）和旋转坐标系（b）中观察的圆形运动和椭圆运动

1　大约为形成星际物质的尘埃粒子的大小。

首先，很显然的是，当你在这样一个旋转坐标系内观察时，沿着圆形轨道运行的粒子A看上去完全静止在某个A'点上。一个沿着椭圆轨道围绕太阳运行的粒子B在接近太阳之后又会远离；它在接近太阳时角速度较大，远离太阳时角速度较小；于是，它有时候会在匀速运行的旋转坐标系（X, Y）的前面，有时候会落在后面。在这个系统内观察将不难看出，这个粒子在沿着一条封闭的蚕豆形轨道运行，该轨道在图119中标为B'。还有另一个粒子C，它沿着一条椭圆度更大的轨道运行，我们将在坐标系（X, Y）中看到，它会沿着与B类似，但比它略微大些的蚕豆形轨道C'运行。

现在很清楚的是，如果我们想要安排整群粒子的运动，让它们永不相互碰撞，我们就必须让所有粒子画出的蚕豆形轨道在匀速旋转的坐标系（X, Y）中永不相交。

我们应该记得，以同样的旋转周期围绕太阳旋转的粒子一直有与它同样的平均距离，这时我们便可以发现，在坐标系（X, Y）中的这些不相交的轨道看上去一定会像一条围绕着太阳的"蚕豆项链"。

以上的分析或许对读者来说过于深奥了，但它是在原则上告诉我们一个相当简单的过程，用以说明对于每组与太阳有同样平均距离并因此有同样公转周期的粒子，它们都会有不相交的运行规则模式。但是，最初围绕原始太阳的尘埃云应该与太阳有各种不同的平均距离，因此也有不同的公转周期，所以实际情况必定更为复杂。我们不会只有一串"蚕豆项链"，而是会有一大批这样的"项链"，它们以各种不同的速度旋转。仔细分析这种状况，魏茨泽克最终证明，为了让这样一个系统稳定，每个不同的"项链"都应该带有5个不同的旋涡系统，这就一定会让整个运动图像看上去与图120非常相似。这样一种模式将在每个不同的环内保证"交通安全"，但是，因为这些环以不同的周期公转，所以在环与环接触的地方一定会有"交通事故"。在这些边界区域，属于一个环的粒子和相邻环的粒子之间会发生大量相互碰撞，它们必定会造成凝聚过程，结果会在距离太阳的特定位置上聚集越来越大的物质。所以，随着每个环内物质的逐步稀释，各个环边界区域上的物质会逐渐积聚，最后形成行星。

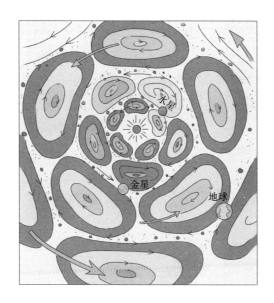

图120　在最初的太阳壳层中的尘埃交通通道

以上描述了行星系的形成图像，它简单地为我们揭示了决定行星轨道半径的旧规则。实际上，简单的几何推导就可以证明，在图120所示的模式类型中，相邻环之间的边界线半径形成了一个简单的几何级数，每一项都是前一项的2倍。我们也能看出，为什么没法指望这一条规则是非常准确的。事实上，这并不是一条能够管控原始尘埃云中粒子运动的严格定律，而只能将其视为一种在非常没有规律的尘埃运行中对某种倾向的表达。

同样的规则也适用于太阳系中不同行星的卫星。这一事实说明，卫星是以差不多相同的方式形成的。围绕太阳的原始尘埃云分裂，形成了以后成为不同行星的不同粒子集团，这一过程也在所有物质群中重复，其中大多数聚集在中心形成了行星的主体，其他的围绕着中心旋转，逐步凝结成一些卫星。

我们进行了所有这些有关尘埃粒子相互碰撞与生长的讨论，但还没有提及原始太阳壳层的气态部分发生了些什么。我们或许还记得，它们在开始时组成了整个壳层总质量的99%。回答这个问题相对简单。

尘埃粒子相互碰撞，形成越来越大的物质体，无法参与这一过程的气体逐步消散，进入了星际空间。可以用相对简单的计算证明，这种消散需要大约1亿年的时间，也就是说，大约相当于行星成长的时间。于是，到了行星最后形成的时候，形成了初期的太阳壳层的大部分氢气和氦气一定已经从太阳系中逃逸了，只剩下了一点点痕迹，就是前面提到过的黄道光。

魏茨泽克理论的一个重要推论是：行星系的形成并不是一种特殊现象，而是必然会在一切恒星实际形成时发生的事件。这种说法与碰撞理论的结论有明显的不同，后者认为，形成行星的过程在宇宙的历史中是非常罕见的。事实上，通过计算可知，人们认为可能造成行星系的恒星碰撞是极为罕见的事件。在银河星系存在的几十亿年历史中，组成银河星系的400亿颗恒星之间只发生过几次这样的碰撞。

按照现在看上去可能的情况，如果每一颗恒星都有自己的行星系，那么仅仅在我们的星系中，与地球的物理条件几乎完全一样的行星就一定会高达数百万。在这些"宜居"世界内，如果生命——甚至其最高形式——未能在这些行星上出现，那岂非咄咄怪事？

实际上，我们已经在第9章中看到，各种类型的病毒是最简单的生命，它们只是由碳、氢、氧、氮等原子组成的复杂分子。因为这些元素必定会在任何新近形成的行星表面上有足量的存在，所以我们必须相信，在大地形成了坚实的硬壳、大气中的水蒸气凝结形成了广泛的水资源之后，因为必要的元素以必要的顺序发生的偶然结合，迟早必有几个这种类型的分子出现。可以肯定，活体分子的复杂性让它们偶然形成的概率极低，我们可以把这种概率与下面的概率相提并论：摇晃装有拼图游戏的盒子，希望在打开盒子时发现它们出于巧合而拼成了完整的图案。但是，我们千万不要忘记，持续相互碰撞的原子数目何等巨大，况且还有漫长的时间让它们能够取得成功的结果。在地球上，生命在地壳形成之后不久便出现了，这说明，尽管看上去可能性如此之小，但复杂有机分子的偶然形成很可能只需要几亿年时间。一旦最简单的生命形态出现在新近形成的行星表面上，有机繁殖和逐步进化的过程就将让越来越复杂的生命体形成[1]。谁也无法预测，在不同的"宜居"行星上的生命进化是不是和地球上一样。对不同世界内的生命进行研究，会对理解进化过程有着至关重要的贡献。

　　尽管在不算太遥远的将来，我们或许可以搭乘"核动力宇宙飞船"前往火星或者金星（太阳系中最"宜居"的行星）探险，并研究这两颗行星上的生命形态，但距离我们几百甚至几千光年外的其他恒星世界中是否存在生命以及以何种形态存在，这个问题将很可能永远是科学界的一个不解之谜。

1　有关行星上生命起源与进化的更详细的讨论，见我的另一部书《地球传记》。

2.恒星的"私生活"

不同的恒星是怎样形成其行星家族的，我们已经有了一个相对完整的图像，现在可以提出有关恒星本身的问题了。

恒星的生命有怎样的历史？它究竟是怎样诞生的？它在漫长的生命途程中经历了哪些变化？它最后的结局是什么？

我们可以先观察太阳，以此开始研究这些问题，因为在组成银河星系的亿万恒星中，它是一个相当典型的成员。首先我们知道，太阳是一颗年纪不小的恒星，根据古生物学数据，它已经以恒定的光强照耀了几十亿年，维持着地球上生命的发展。没有普通的能源可以在如此长的时间内提供如此多的能量，而在放射性嬗变和人工元素嬗变的发现向我们揭示了隐藏在原子核深处的庞大能源之前，太阳辐射问题一直是最令人费解的科学之谜之一。我们已经在第7章看到，实际上每一种化学元素都是一种炼金材料，具有庞大的能量输出的潜力，而且可以把这些物质加热到几百万度来释放这些能量。

虽然在地球实验室中实际上无法达到这么高的温度，但这在恒星世界中却实属家常便饭。例如，太阳表面的温度虽然只有6000 ℃，但越往内部温度就越高，太阳中心的温度已经高达2000万摄氏度。计算这个数字不算太难，因为我们有太阳表面温度的观察值，接着通过已知的形成太阳的气体的热导性质加以计算即可。与此类似，只要知道某个热土豆的表面温度和其中物质的热传导性质，我们也可以在不切开它的情况下计算它的内部温度。

综合考虑太阳中心的这一情况和各种核嬗变的反应速率，我们能够知道是哪种特定的反应在太阳内部产生能量。这一重要的核反应叫作

"碳循环"，是由贝特（Hans Albrecht Bethe）[1]和魏茨泽克这两位对天体物理学问题有兴趣的核物理学家同时发现的。

　　热核反应是太阳能量生成的主要原因，但它并不局限于某个单一的核嬗变，而是由整整一系列互相关联的核嬗变组成的，它们共同形成了我们所说的反应链。这种系列反应中最有趣的特点之一，是这个封闭的圆形链条，每过六步便返回出发点。图121图解说明了这种太阳反应链的模式，从中我们可以看到，这一系列反应的主要参与者是碳和氮的原子核，加上与它们碰撞的热质子。

图121　为太阳产生能量的循环核反应链

　　让我们从普通的碳（C^{12}）开始。我们看到，它与一个质子碰撞生成了氮的较轻的同位素N^{13}，并以 γ 射线的形式释放了一些亚原子能量。核

1　贝特（1906—2005），美国物理学家，1967年诺贝尔物理学奖获得者。——译者注

物理学家们熟知这一特定反应，而且曾在实验室条件下通过使用人工加速的高能质子有所实现。N^{13}的原子核不稳定，需要通过发射一个正电子（即正 β 粒子）自行调整，成为碳的较重的稳定同位素（C^{13}），我们知道，这种同位素在普通的煤里面有少量存在。遭到另一个热质子轰击之后，碳的这种同位素嬗变为普通的氮（N^{14}），同时辐射强 γ 射线。现在，N^{14}的原子核（我们也可以很容易地从它开始叙述这一循环）又一次（第三次）与热质子碰撞，生成氧的一种不稳定的同位素O^{15}，它很快便通过发射一个正电子变成稳定的N^{15}。最后，N^{15}在其内部接受第四个质子，分裂为大小各异的两个原子核，一个是我们用来作为出发点的C^{12}原子核，另一个是氦的原子核，即 α 粒子。

于是我们看到，在圆形反应链中，碳和氮的原子核一直会得到再生，而且就像化学家说的那样，一直只是作为催化剂参与反应。反应链的净结果是四个质子形成一个氦原子核，这些质子一直在加入循环。所以，我们或许可以将整个过程描述为：在高温诱导与碳和氮的催化作用下氢向氦的嬗变。

贝特能够证明，在2000万摄氏度的温度下，这一反应链释放的能量刚好等于太阳实际辐射的能量。因为一切可能的其他反应得出的结果都不符合天体物理学的证据，因此我们可以接受如下说法：碳-氮循环确实是太阳发出的能量的主要来源。我们也应该注意到，在太阳内部的温度条件下，图121所示的整个循环需要大约500万年，因此，在这一时期结束时，每个初期进入循环的碳（或者氮）的原子核将再次出现，就像开始时那样新鲜，似乎从未受到影响。

考虑到碳在这一过程中扮演的基本角色，我们必须承认，"太阳的热量来自煤"的原始观点确有几分道理，只是我们现在知道，所谓的"煤"在这里并非真正的燃料，而是扮演着传说中的涅槃神鸟凤凰的角色。

我们必须在这里特别指出，太阳生成能量的反应速率主要取决于中心区域的温度和密度，但也在某种程度上取决于组成太阳的氢、碳和氮的含量。这一推论直接给出了一种用以分析太阳气体组成的方法，即通过调整反应物的浓度，让计算中太阳的光度与实际观察结果符合。史瓦西便以这种方法为基础进行了计算，结果发现，在组成太阳的物质中，超过一半是纯氢，还有将近一半是纯氦，剩余的很小一部分是其他元素。

我们可以很容易地把太阳的能量生成解释推广到其他大部分恒星上，并且从中得出结论：具有不同质量的恒星有不同的中心温度，因此有不同的能量生成速率。恒星波江座O_2-C的质量大约为太阳的1/5，因此它的光度只有太阳的1%左右。俗称天狼星的大犬座α的质量大约是太阳的2.5倍，它的光度是太阳的40倍左右。另外还有一些超级巨星，如天鹅座Y380，它的质量大约是太阳的40倍，光度则为太阳的几十万倍。所有这些情况下，恒星的质量越大，光度就越强，这种关系可以用"更高的中心温度会让'碳循环'反应速率加快"给予令人满意的解释。根据这种恒星的所谓"主序列"，我们也发现，质量的增加让恒星的半径增加（从波江座O_2-C的0.43倍太阳半径，到天鹅座Y380的29倍太阳半径），平均密度则下降（从波江座O_2-C的2.5，到太阳的1.4，直到天鹅座Y380的0.002）。图122 的图表中搜集了一些关于主序列恒星的数据。

除了半径、密度和光度可以用其质量确定的"正常"恒星，天文学家们还在天空中发现了几类完全不符合简单规律的恒星。

首先是一些所谓的"红巨星"和"超巨星"。尽管它们的质量与相同亮度的"正常"恒星相差不大，但尺寸却要比它们大得多。我们在图123中图解说明了这批反常恒星的情况，包括著名的御夫座α、金牛座α、飞马座β、猎户座α、武仙座α和御夫座E。

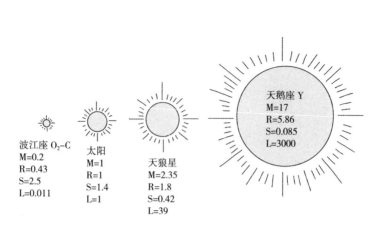

图122　恒星的主序列

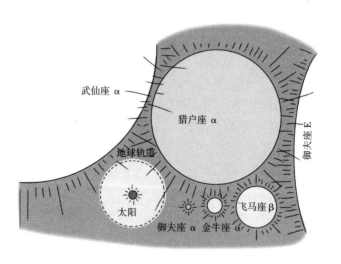

图123　巨星与超巨星与我们的行星轨道间的大小比较

　　显然，由于我们现在还无法解释的内部力量，这些恒星星体好像突然被吹了起来，达到了几乎令人难以想象的大小，这让它们的平均密度下降到远远低于任何正常恒星的水平。

与这些"膨胀"了的恒星相反，另一批恒星则缩小到了非常小的尺寸。天狼星的伴星就是一颗被称作"白矮星"的恒星，[1] 图124比较了它与地球的大小。这颗恒星的质量几乎与太阳相当，但它只不过是地球的3倍大；它的平均密度是水的50万倍左右！几乎毫无疑问，白矮星处于恒星演化的最后阶段，对应于已经耗光了所有氢燃料的恒星阶段。

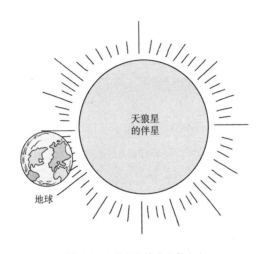

天狼星
的伴星

地球

图124　白矮星与地球比较大小

我们在上面已经看到，恒星的生命资源全在于缓慢地将氢转变为氦的炼金术反应。年轻的恒星刚刚由分散的星际物质凝聚而成，氢在它的整个质量中超过50%，因此我们可以预期，这颗恒星的寿命会很长。例如，我们可以通过观察到的太阳亮度计算，它每秒消耗6.6亿吨氢。而太阳的总质量为2×10^{27}吨，其中半数为氢，因此，太阳的寿命将是

1　"红巨星"与"白矮星"这两个术语来自它们的亮度与其表面的关系。一些罕见的恒星有非常大的表面来释放它们内部产生的能量，因此表面温度相对较低，看上去呈红色。与此相反，高度凝聚的恒星表面肯定很小，温度必定极高，即呈白热状态。

15×10^{18}秒，即大约500亿年！请记住，我们的太阳现在只有三四十亿岁[1]，因此我们可以认为太阳非常年轻，并且会以现在的亮度继续照耀几百亿年。

恒星的质量越大，亮度就越高，所以它原有的氢储备的消耗速率就高得多。因此，举例来说，天狼星的质量是太阳的2.3倍，因此原有的氢燃料就是太阳的2.3倍，它的亮度是太阳的39倍，因此它在同样时间内消耗的燃料就是太阳的39倍。于是，尽管它的燃料贮存量大于太阳，但天狼星将在30亿年内用光它的全部燃料。更为明亮的恒星，例如天鹅座Y380（其质量是太阳的17倍，亮度是太阳的3万倍），它耗尽原有燃料的时间不会超过1亿年。

氢燃料耗尽时，恒星会怎么样呢？

在恒星漫长的生命中，核能源一直支持着它基本保持原样，能源一旦耗尽，恒星的星体必定会开始收缩，在后续阶段，密度将会越来越大。

天文学观察发现了大量这种"缩小了的恒星"，它们的平均密度是水的几十万倍。这些恒星仍然很热，而且因为它表面的高温而闪耀着明亮的白光，与普通的主序列恒星略带黄色或者略带红色的状况形成鲜明对照。然而，因为这些恒星很小，总亮度只不过是太阳的几千分之一。天文学家们称这种处于演化晚期阶段的恒星为"白矮星"，其中"矮"这个字既说明了它的大小，也说明了它的亮度。随着时间的推移，白矮星白热化的星体将逐步失去光亮，最后转变为"黑矮星"，即一大块冰冷的物质团，普通的天文学观测无法发现它的存在。

然而，我们必须在此指出，老年恒星用尽了自己至关重要的氢燃

1　根据魏茨泽克的理论，太阳的形成不会比行星系早很多，而地球的估计寿命就是三四十亿岁的数量级。

料，但它并不总是安静而又平凡地走完自己收缩与逐步冷却的过程；在自己生命的最后历程中，这些"垂死"的恒星往往会爆发巨大的呐喊，好像在反抗这种命运。

人们称这些灾难性事件为新星与超新星爆发，是恒星研究中最激动人心的主题之一。几天之内，一颗以前看上去与天空中其他恒星没有多大差别的恒星，其亮度突然增加了几十万倍，表面显然变得极热。与亮度的突然增加一起发生的还有光谱的变化；对光谱变化的研究表明，这颗恒星的星体正在急剧膨胀，其外层正以大约2000千米每秒的速度向外推进。然而，亮度的增加只不过是暂时的，在达到了最大值之后，这颗恒星开始逐步平静下来。通常历时一年左右，爆发的恒星的亮度将回归原有的水平，但在远远超过一年的时间之后仍能观察到较小的恒星辐射变化。尽管恒星的亮度又正常了，但它的其他性质发生了变化。恒星大气的一部分在爆发阶段参与了高速扩张，它还在继续向外运动，而恒星现在被一层发光的气体壳层包围，这一壳层的直径在逐渐增加。有关恒星规范的永久性变化的证据还很不确定，因为对这样的新星，人们只有一次照下了它在爆发之前的光谱（1918年的御夫座新星）。这张照片似乎也很不理想，因此，我们必须承认，有关新星阶段的表面温度和半径的结论并不太确定。

但是，从对所谓的超新星爆发的观察中，我们可以获得有关恒星星体爆发的更好的证据。在我们的星系中，这些宏大的恒星爆发几个世纪才发生一次（这与普通新星每年大约爆发40次形成鲜明的对照），其亮度是普通新星爆发的几千倍。在亮度最高的时刻，这样一颗正在爆发的恒星发出的光强度可以与整个星系的总光强度相比。布拉赫（Tycho Brahe）于1572年观察到了一颗连白天都可以看到的恒星[1]，中国天文学

1　指仙女座 β 。——译者注

家于1054年记录的客星[1]，或许还有人们在伯利恒（Bethlehem）观察到恒星，这些都是银河星系内发生的超新星爆发的典型例子。

第一颗银河系外超新星是人们于1885年在邻近仙女座大星云星系中观察到的，它的亮度是在这个星系中观察到的任何其他新星的1000倍。尽管这种庞大的爆发相对罕见，但通过巴德和兹维基（Fritz Zwicky）的观察，对它们性质的研究已经在近年来取得了显著的进展，这两位天文学家是最先认识到这两种不同爆发有重大差别的人，而且他们开始对出现在各个遥远星系中的超新星进行了系统性的研究。

尽管在亮度上有着极大的不同，超新星爆发现象表现出许多类似于普通新星爆发的特点。亮度的急剧增加和随后的缓慢下降都可以用实际上完全相同（除了规模不同）的曲线表示。和普通新星爆发一样，超新星爆发也有急剧扩大的气体壳层，但其中包含的恒星质量的百分比大得多。事实上，新星产生的气体壳层会变得越来越稀薄，并迅速地消散在周围的空间中，而超新星发出的气体质量团则形成了范围广泛的发光星云，笼罩了爆发发生的地点。例如，我们可以确信，人们在1054年的超新星爆发地点看到的所谓的"蟹状星云"就是由那次爆发产生的气体形成的（见全页插图Ⅷ）。

我们还找到了这颗超新星爆发之后遗迹的证据。事实上，观察结果表明，在蟹状星云的最中心存在着一颗昏暗的恒星，按照观察到的性质，可以把它归入密度很大的白矮星之列。

所有这些说明，尽管各个方面都有相应程度的极度放大，但超新星爆发的物理过程必定与普通新星类似。

如果要接受新星和超新星的"坍缩理论"，首先我们必须提出问

1　客星是中国古代钦天监对彗星、新星或超新星的称呼，这里指金牛座（中国古称天关星）内发现的一颗超新星，所以叫"天关客星"。——译者注

题：是什么引起了整个恒星星体的这种急剧收缩呢？当前人们广泛接受的是，恒星实际上是庞大的高热气体，在平衡状态下，恒星的星体完全由它内部的高热物质产生的高气压支持。只要上述"碳循环"还在恒星的中心持续，从表面辐射的能量就会由内部产生的亚原子能补充，这让恒星状态基本上没有改变。但是，一旦氢的储备完全消耗，亚原子能也就不再存在了，恒星一定会开始收缩，转为辐射引力势能。但是，这样一个引力收缩的过程将会很慢，因为恒星物质的热传导能力很弱，结果热量从内部向表面的传递非常缓慢。例如，据估计，太阳需要1000多万年才能收缩到现在半径的一半。收缩的速率一旦变快，恒星立刻就会释放更多的引力能，这将增加内部气体的温度和压强，放慢收缩速率。我们可以从以上考虑看出，加速一个恒星收缩并使之迅速坍缩，使之成为人们观察到的新星和超新星的情况，唯一方法就是设计某种机制，它可以带走因为收缩而释放的内部能量。例如，如果能够让恒星物质的热传导能力增加几十亿倍，那么收缩可以按照同样的比率增加，于是一个收缩中的恒星将在几天之内坍缩。然而我们可以排除这种可能性，因为当前辐射的理论确定无疑地告诉我们，恒星物质的热绝缘性是其密度和温度的确定函数，几乎无法降低，哪怕缩小十倍或者一百倍都做不到。

最近我和我的同事申贝格（Schenberg）博士建议，恒星坍缩的真正原因是中微子的大规模形成。我们曾在本书第7章详细讨论过这种微小的核粒子。根据其中的描述，中微子恰好是从一个收缩中的恒星内部带走多余能量的恰当媒介，因为对它们来说，整个恒星的星体就像玻璃窗对于普通光一样透明。我们将在下面弄清楚收缩中的恒星火热的内部是否能够产生中微子，而且是数量足够的中微子。

那些必定会伴随着中微子发射的反应包括各种元素的原子核俘获快速移动的电子。当一个高速电子穿透并进入原子核时，原子核就会立即发射一个高能中微子，而电子会被留下，让原来的原子核嬗变成一个同样原子量的不稳定原子核。这个不稳定的新建原子核只能在一段确定的时间内存在，随后就会衰变，发射电子，并伴随着另一个中微子。然后这个过程又从头开始，并导致新的中微子发射……（图125）。

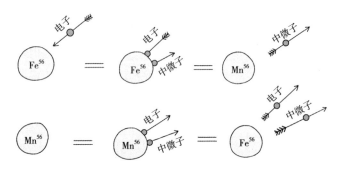

图125　铁原子核内导致中微子无限形成的尤卡过程

如果温度和密度如同收缩中的恒星内部那样足够高，通过发射中微子而失去的能量会极高。例如，在铁原子核捕获与重新发射电子的过程中，转变为中微子的能量可以高达10^{11}尔格[1]每克每秒。在成分换成氧的情况下（这里的不稳定产品为放射性的氮，它的衰变周期为9秒[2]），每克恒星物质每秒失去的能量可以高达10^{17}尔格。在后一种情况下失去的能量如此之高，以至于整个恒星的坍缩只需要25分钟。

于是我们看到，来自收缩中的恒星的热中心区域开始辐射中微子，用这种方法完全能够解释恒星坍缩的原因。

但我们必须声明，尽管可以相对容易地计算中微子辐射造成的能量散失速率，但坍缩过程本身的研究还存在着许多数学难题，因此我们当前只能提供对这些事件的定性解释。

1　尔格是较早的功和能量单位，1尔格=10^{-7}焦耳。——译者注
2　N_{16}的半衰期约为7.13秒。——译者注

　　我们可以想象，由于恒星内部气体压强不足，组成庞大的外星体的物质会在引力的推动下开始向中心落去。然而，因为每一颗恒星通常都处于某种高速旋转状态，这使得坍缩处于不对称的状态，靠近旋转轴的极区物质首先下落，向外推出赤道区的物质（图126）。

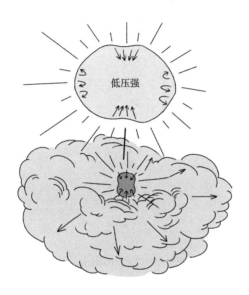

图126　超新星爆炸的初期与后期阶段

　　这就把原来深深隐藏在恒星内部的物质带了出来，并把它们加热至几十亿度的高温，这样的温度可以解释恒星亮度的突然增加。就在这一过程持续进行的时候，老年恒星的坍缩物质在中心凝结成一个高密度的白矮星，而被排斥出去的物质逐渐冷却并继续扩大，形成了我们观察到的那种朦胧的蟹状星云。

3.原始的混沌和膨胀的宇宙

如果将宇宙视为一个整体，我们立刻就会面对它是否会随时间而演化的重大问题。我们是否必须假定，宇宙的过去和将来都与我们现在观察到的基本相同？或者说，宇宙一直在变化，会跨越不同的演化阶段？

以科学广泛的不同分支搜集的经验事实为基础检查这个问题，我们得到了一个相当确定的答案。是的，我们的宇宙正在逐步变化；它在人们久已忘却的过去状态、当前状态，以及它在遥远的未来将会成为的状态，这是三个非常不同的存在状态。由不同的科学分支得到的大量事实进一步说明，宇宙有一个开始，它从那时发展，走过了逐步演化的过程，直至当前的状态。如上所述，我们可以把行星系的年龄估算为几十亿年，从不同方向独立地探索这个问题都会得到这个数字。显然，太阳发出的强大引力曾经撕开过地球的身体，形成月球，这一事件也必定发生在几十亿年前。

对不同的恒星的演化过程的研究（见上一节）表明，我们现在在天空中看到的大部分恒星的年龄也是几十亿岁。对恒星运动的总体研究，特别是对双星与三星系统的相对运动研究，以及对更加复杂的被称作星团的恒星集团的研究，天文学家们得到了结论：这样的恒星形态的存在时间不可能超过这一数字。

对各种化学元素的相对丰度的考虑，特别是对钍和铀这类我们知道会逐步衰变的放射性元素的数量的考虑，提供了一些非常独立的证据。尽管由于它们在持续衰变，但如果这些元素仍然在宇宙中存在，我们就必须假定：或者，直到今天，较轻的元素一直在持续制造它们；或者，它们是自然在遥远的过去创造的全部库藏品的残余物资。

核嬗变过程的知识让我们不得不放弃第一种设想，因为即使是在最热的恒星内部，那里的温度也从来没有达到可以"烹饪"放射性重原子核所必须的惊人程度。事实上，我们在上一节已经看到，恒星内部的温度是以数千万度衡量的，而要从较轻元素的原子核"烹饪"放射性重原子核则需要几十亿度的高温。

鉴于此，我们必须假定，重元素的原子核是在宇宙演化的某个过去的时代形成的，而且，在那个特定的年代，所有的物质都处于某种无法想象的高温以及与此对应的高压之下。

我们也可以估计宇宙的这个"炼狱"期的大致年代。我们知道，钍和铀-238的寿命分别为180亿年和45亿年。[1] 它们自形成以来就没有大量衰变，因为它们现在还和其他一些稳定的重元素一样大量存在。另一方面，铀-235的平均寿命约为5亿年，[2] 丰度为铀-238的1/140。当前存在的大量钍和铀-238说明，这些元素的形成只可能发生在几十亿年前，而数量较小的铀-235让我们有可能得到更准确的估计。事实上，如果这种元素每过5亿年便只剩下一半，则必定需要7个这样的周期，即35亿年，才能把数量削减到1/140，因为 $\frac{1}{2} \times \frac{1}{2} \times \frac{1}{2} \times \frac{1}{2} \times \frac{1}{2} \times \frac{1}{2} \times \frac{1}{2} = \frac{1}{128}$。

这一有关化学元素年龄的估算完全来自核物理学数据，却与来自纯天文学有关行星、恒星和星系数据的估计惊人地吻合！

但在几十亿年前，每一种事物都处于创造期的早期阶段时，我们的宇宙的状态又如何呢？而从那时到现在的这段时间内，在它身上又出现了哪些变化，才让宇宙发展到了现在的状态呢？

我们可以对"宇宙膨胀"这一现象做一番研究，从而得到对上述问题最完整的答案。我们已经在上一章看到，在宇宙的广袤空间内充斥着大量恒星系或称星系，银河系只是其中之一，而太阳则只不过是银

1　这里的钍指钍-232，这里的寿命其实都是半衰期。——译者注

2　铀-235的半衰期约为7亿年。——译者注

河系内不知多少亿颗恒星之一。我们同样看到，在我们目力所及的范围内（当然是通过200英寸口径望远镜的帮助），这些星系的分布大致均匀。

通过研究来自这些遥远星系的光谱，威尔逊山天文台的天文学家哈勃注意到，这些谱线向谱系的红端发生了微小的移动，并且星系距离我们越远，这种"红移"就越明显。事实上，人们发现，在不同星系上发现的这些"红移"与它们和我们之间的距离成正比。

解释这种现象的最自然方式，是假定所有星系都在远离我们而去，而离我们越远，离开我们的速度就越快。这种解释的理论基础是所谓的"多普勒效应"，即向我们而来的光的波长将会发生紫移，而远离我们而去的光将会发生红移。当然，要得到人们足以注意到的位移，光源相对于我们所在位置的移动速度必须相当大。当伍德（Robert Williams Wood）教授在巴尔的摩（Baltimore）因闯红灯受审时，他告诉法官，由于这种多普勒效应，他看到的交通灯是绿色的，因为他当时是坐在汽车里接近它的。这位教授这时当然是在愚弄法官。如果法官先生的物理学好一点，他就会请伍德教授计算能让红灯变绿的车速，这时就可以因为教授超速而罚款！

回到我们观察到的星系"红移"问题上，我们得到了一个乍一看相当令人尴尬的结论：看上去，宇宙中所有的星系都在远离银河系而去，就好像它是一个恒星系的弗兰肯斯坦[1]！我们的星系到底有什么可怕的特质，为什么所有的星系都对它避之唯恐不及呢？如果你稍微想一下这个问题，就会很容易地得出结论：其实银河系并没有什么特殊问题，其他星系实际上也没有专门针对我们，只不过所有星系都在相互远离罢了。

1　许多人认为，英国诗人雪莱的夫人玛丽·雪莱创作的《科学怪人》是科幻小说的鼻祖，这里的弗兰肯斯坦是科学怪人弗兰肯斯坦博士创造的人造怪物。——译者注

让我们想象一个表面上带有圆点图案的橡皮气球（图127）。如果你开始吹气球，让气球表面变得越来越大，这时各个圆点之间的距离会持续增加。如果一只昆虫坐在其中任意一个圆点上，它就会有所有其他圆点都在"离它而去"的感觉。而且，对膨胀气球上不同的点来说，它们后退的速度将随它们和这只昆虫的观察点之间的距离增加而增加。

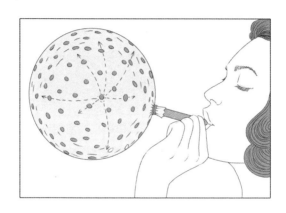

图127　橡皮气球被吹大时，上面画的点互相远离

这个例子一定会把问题说得非常清楚，即哈勃观察到的星系后退现象与我们所在的星系的特殊性质或者位置毫无关系，而只能简单地用散在宇宙空间内各星系的整体均匀膨胀加以解释。

根据观察到的星系膨胀速度和相邻星系间的距离，我们可以很容易地计算出：这一膨胀至少开始于50亿年前。[1]

1　根据哈勃最初的数据，两个相邻星系之间的距离大约为170万光年（即1.6×10^{19}千米），而它们相互退行速度大约为300千米每秒。假定膨胀是均匀的，我们便可以得到膨胀持续的时间为$\dfrac{1.6\times10^{19}}{300}\approx5\times10^{16}$秒$\approx1.8\times10^{9}$年。但根据最新的数据，这一时间要更长一些。

在此之前，不同星云（也就是我们现在的各个星系）正在整个宇宙空间内形成均匀分布的各个部分，它们就是后来的恒星。而在更早的时候，恒星本身被挤压在一起，让整个宇宙中充满了连续分布的热气体。继续后退，我们发现这些气体的密度更大也更热，这显然是不同的化学元素（尤其是放射性元素）形成的时代。再向后退一段时间，我们发现，宇宙中的物质被挤压成了一个密度超大、温度超高的核流体，我们曾在第7章中对此有所讨论。

现在我们可以把这些观察结果放到一起，以正确的顺序看一下标志着宇宙进化发展的那些事件。

故事开始于宇宙的胚胎阶段。我们现在能够看到的所有物质都分布在整个空间之内，一直到威尔逊山望远镜的视线所能达到的极限，形成了一个半径为5亿光年的球体。这些物质当时都被挤压在一个半径约为太阳半径8倍的球体内[1]。然而，这个密度极大的状态并没有持续很长时间，因为在最初的两秒之内，迅速的膨胀必定将宇宙的密度降低到水的密度的100万倍，然后又在随后的几个小时之内，将这一密度降低到等于水的密度。大约在这个时刻，原来连续分布的气体必定已经分裂为不同的气态球体，即组成了现在的各个恒星。这些球体被持续的膨胀拉开、分散，然后进入不同的星云，组成了我们今天的星系，它们至今还在相互远离，进入宇宙的未知深度。

现在我们可以提出如下两个问题：是哪种力造成了宇宙膨胀？这种膨胀是否有一天会停止，甚至转为收缩？现在正在膨胀的宇宙物质是否可能向我们反扑，把银河星系、太阳、地球以及在地球上的人类全都挤

1　因为核流体的密度是 10^{14} g/cm³，而现在空间内的物质的平均密度是 10^{-30} g/cm³，所以线性收缩率为 $\sqrt[3]{\frac{10^{14}}{10^{-30}}}=5\times10^{14}$，约等于 5×10^{14}。所以，现在 5×10^8 光年的距离当年只有 $\frac{5\times10^8}{5\times10^{14}}=10^{-6}$ 光年=1000万千米。

压成一团具有原子核密度的糨糊？

　　根据我们以最可靠的信息为基础得出的结论，这种事情永远不会发生。很久以前，在宇宙演化的早期阶段，它的膨胀打碎了所有可能把它束缚住的羁绊，现在它正在依照简单的惯性定律向无限的空间膨胀。我们刚刚说到的羁绊是由引力组成的，它倾向于阻止宇宙物质相互离开。

　　用一个简单例子加以解释，我们不妨假定从地球表面向星际空间发射一枚火箭。我们知道，现在已有的火箭都没有足以逃逸进入自由空间的推进功率，就连著名的V-2火箭都没有这种功率，[1] 所以它们的上升总是会被引力阻止，最终被拉回地球。然而，如果我们能够为一枚火箭充能，使它的初始速度超过11 km/s，[2] 它就能够摆脱地球引力的吸引，逃逸进入自由空间，并在那里不受阻碍地持续运行。人们通常称11 km/s的速度为摆脱地球引力的"逃逸速度"[3]。

　　现在想象一枚在空中爆炸的炮弹，它的弹片飞向四面八方（图128a）。这些弹片被爆炸力投射出去，反抗那些想要将它们聚拢到共同重心的引力。不用说，如果是炮弹弹片，这些相互间的吸引力可以忽略，就是说，它们太弱了，完全无法影响弹片向空中飞去的运动。然而，如果这些力更强，它们将能够阻止弹片的飞行，让它们落回来，回到它们的共同重心上（图128b）。弹片是会飞回来还是飞向无穷远，这个问题的答案取决于它们的运动动能和它们之间的引力势能的相对值。

1　V-2是二战期间德国使用的一种中程火箭。——译者注
2　这似乎是一个由原子能喷射推动的火箭可能实现的目标。
3　现在普遍接受的数值为11.2 km/s。——译者注

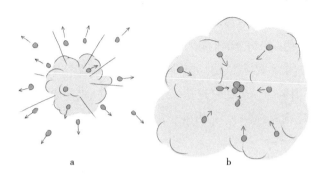

图128

用各个星系代替弹片，你将看到一幅如同前面几页描述的宇宙膨胀的图景。然而在这里，因为各个碎片星系的庞大质量，引力的势能在与星系的动能相比时变得相当重要，[1]以至于必须仔细研究两个相关数量的情况，才能确定膨胀的前景如何。

根据现有的关于星系质量的最可靠数据，似乎当前相互远离的星系动能是它们相互间引力势能的几倍，据此我们可以认为：宇宙的尺寸现在正在向无穷大膨胀，永远不可能被引力再次拉近。然而，我们必须记住的是，作为一个整体，宇宙的大部分有关数值数据都不是非常准确的，因此，将来的研究或许会逆转这一结论。但是，即使膨胀中的宇宙确实有一天会突然停下步伐，回头走向收缩，这可怕的一天的来临也将在几十亿年之后。只有那时，才会像某首歌想象的那样"星辰开始坠落"，而我们也会在坍缩星系的重力下被碾得粉碎！

到底是哪一种高度爆炸性的物质，让宇宙的碎片以如此恐怖的速度四下飞溅？回答或许令人失望：很可能根本不存在普通意义上的爆炸。

1　运动粒子的动能与它们各自的质量成正比，而它们相互之间的引力势能则随着它们的质量的平方增加（粒子之间的引力势能与它们的质量的乘积成正比）。——译者注

宇宙现在正在膨胀，因为在它历史上的某个逝去的时代（对此自然不曾留下任何有关记录），它曾从无穷大收缩为非常致密的状态，然后展现了被压缩物体的天性，在强大弹力的作用下开始迅猛反弹。如果你曾走进一间游戏室，又恰巧看到一只乒乓球从地板上高高弹起，你就会想也不想地得出一个结论：在你进入房间之前，这只乒乓球曾经从差不多一样高的空中落到了地板上，接着便因为受到弹力的作用而再次跳起。

现在，可以任由我们的想象力飞越任何疆界，并提出这样一个问题：在宇宙遭到压缩的各个阶段，现在在我们身边发生的一切是不是都会沿着相反的次序发生？

在80亿或者100亿年前，你是不是会把这本书从最后一页读到第一页？那时候的人是不是会从自己的嘴里吐出一只炸鸡并给予它生命，让它回到养鸡场，从大鸡成长为小鸡雏，最后爬进鸡蛋壳，并且在几个星期之后变成新鲜鸡蛋？尽管这些问题非常有趣，但我们却无法从纯粹科学的角度上回答，因为在自己被压缩到了极限情况的时刻，宇宙将一切物质挤压成了均匀的核流体，此前压缩阶段的一切记录都将荡然无存。

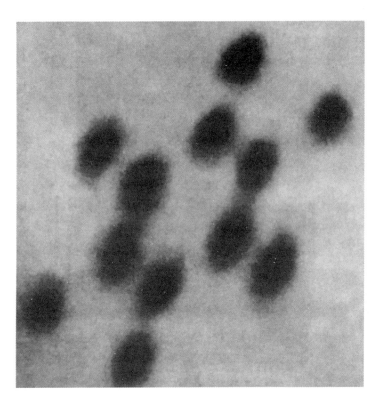

全页插图 I 放大175,000,000倍的六甲基苯分子

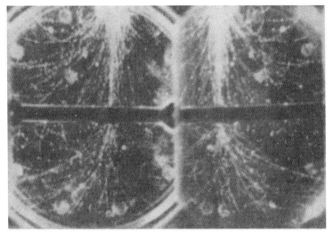

A

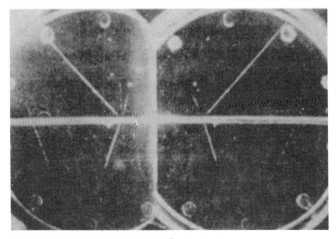

B

全页插图 Ⅱ

　　A 始于云室外壁和中央铅片的宇宙线簇射。磁场使簇射产生的正、负电子沿相反方向偏转
　　B 宇宙线微粒在中央隔片中产生核衰变

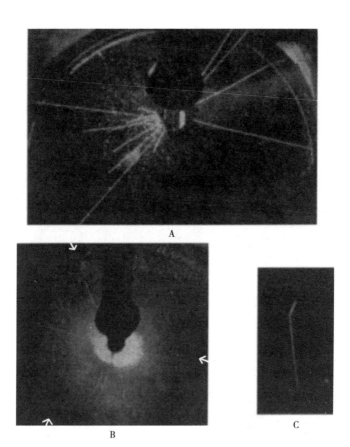

全页插图Ⅲ　人工加速的微粒引起的原子核嬗变

A 一个快氘核击中云室中重氢气的另一个氘核，产生一个氚核和一个普通的氢核（$_1D^2 + _1D^2 \rightarrow _1T^3 + _1H^1$）

B 一个快质子击中硼核，使之裂成三个相等的部分（$_5B^{11} + _1H^1 \rightarrow 3\,_2He^4$）

C 一个图中看不见的中子从左边射入，把氮核打碎成一个硼核（向上的径迹）和一个氦核（向下的径迹）（$_7N^{14} + _0n^1 \rightarrow _5B^{11} + _2He^4$）

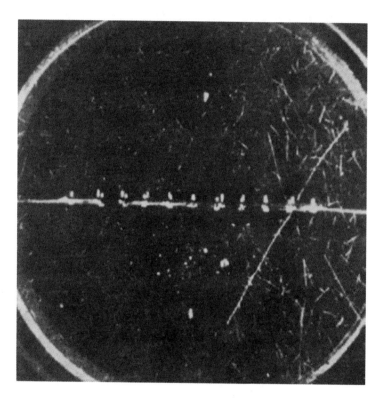

全页插图Ⅳ 铀核裂变的云室照片

一个中子（当然在图中看不见）击中了横放在云室中的薄铀箔的一个铀核。两条径迹对应着两个裂变碎片分别以1亿电子伏左右的能量飞离

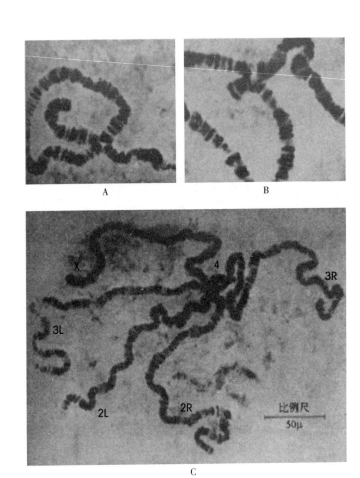

A

B

C

全页插图 V

A 和 B 是果蝇唾液腺染色体的显微照片，显示了倒置和相互易位

C 是雌性果蝇幼体染色体的显微照片。图中标有 X 的是紧紧挨在一起的一对 X 染色体，标有 2L 和 2R 的是第二对染色体，标有 3L 和 3R 的是第三对，标有 4 的是第四对

全页插图Ⅵ　这是活的分子吗？这是放大34,800倍的烟草花叶病毒微粒。
这幅照片是用电子显微镜拍摄的

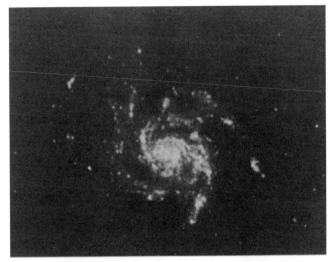

A

B

全页插图 Ⅶ

A 大熊座中的螺旋星云，它是一个遥远的宇宙岛（俯视图）
B 后发座中的螺旋星云，它是另一个遥远的宇宙岛（侧视图）

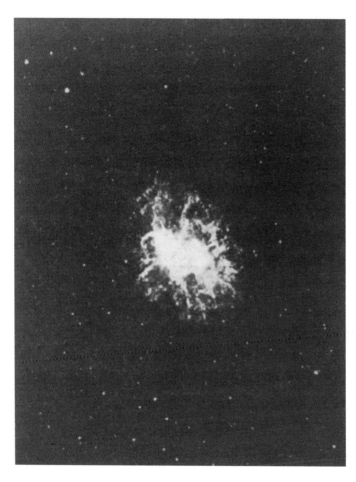

全页插图Ⅷ　蟹状星云。1054年，中国天文学家观测到天空中的这个位置有一颗超新星，此蟹状便是这颗超新星爆发时抛出的不断膨胀的气体包层

© 中南博集天卷文化传媒有限公司。本书版权受法律保护。未经权利人许可，任何人不得以任何方式使用本书包括正文、插图、封面、版式等任何部分内容，违者将受到法律制裁。

图书在版编目（CIP）数据

从一到无穷大 /（美）乔治·伽莫夫著；李永学译 . — 长沙：湖南科学技术出版社，2020.2（2022.1 重印） ISBN 978-7-5710-0413-2

Ⅰ.①从… Ⅱ.①乔… ②李… Ⅲ.①自然科学—普及读物 Ⅳ.①N49

中国版本图书馆 CIP 数据核字（2019）第 267001 号

上架建议：科普·科学人文

CONG YI DAO WUQIONGDA
从一到无穷大

作　　者：〔美〕乔治·伽莫夫
译　　者：李永学
出 版 人：张旭东
责任编辑：林澧波
监　　制：刘　毅
特约编辑：王莉芳
文字编辑：巩树蓉
营销支持：刘晓晨　刘　迪　初　晨　王　凤　段海洋
版式设计：李　洁
内文插图：睿达点石插画
封面设计：Violet
出　　版：湖南科学技术出版社
　　　　　（湖南省长沙市湘雅路 276 号 邮编：410008）
网　　址：www.hnstp.com
印　　刷：长沙鸿发印务实业有限公司
经　　销：新华书店
开　　本：880mm×1270mm　1/32
字　　数：283 千字
印　　张：11
版　　次：2020 年 2 月第 1 版
印　　次：2022 年 1 月第 3 次印刷
书　　号：ISBN 978-7-5710-0413-2
定　　价：48.00 元

若有质量问题，请致电质量监督电话：010-59096394
团购电话：010-59320018